戦争プロパガンダ
10の法則

アンヌ・モレリ
永田千奈＝訳

草思社文庫

PRINCIPES ÉLÉMENTAIRES DE PROPAGANDE
DE GUERRE
by
Anne MORELLI

First published by les Éditions Labor, 2001
This book is published in Japan by arrangement with Anne Morelli,
through le Bureau des Copyrights Français, Tokyo.

戦争プロパガンダ　10の法則——目　次

ポンソンビー卿に学ぶ

ブリュッセル自由大学で「歴史批評」の講義を担当することになったとき、恩師であるスタンジェール教授が、座右の書として、そして講義の要になるものとして熱心に勧めてくれた本が二冊ある。

一冊目は、ジャン・ノートン＝クリュが、戦時におこなわれた証言について論じ、その正当性について疑問をなげかけたもの[1]。

もう一冊は、一九二八年ロンドンで出版された、アーサー・ポンソンビーの衝撃的な著書『戦時の嘘[2]』である。

二冊目の本の著者、ポンソンビーは、じつに数奇な人生を歩んだ人物であり、注目に値する。そもそも、第一次世界大戦中のプロパガンダに関する彼の刺激的な考察があってこそ、およそ百年の時を経て私はこの本を書くことになったのである。

アーサー・ポンソンビー（一八七一―一九四六）は、イギリス屈指の高貴な家系の出身である。彼はウィンザー城で生まれた。父がヴィクトリア女王の専属秘書だったのだ。

高貴な家柄にふさわしく、名門イートン校からオックスフォード大学へ進学、イギリス外交の職に就いたポンソンビーは、下院の自由党議員になる（それだけでも当時としては大胆な決断だった）。

一九一四年、イギリスの第一次世界大戦参戦に異を説え、ポンソンビーは自由党を離れて、労働党に入党する（これも当時の貴族には考えられないことだった）。

やがて、彼は、下院、続いて上院に労働党議員として当選した。

彼は労働党内閣に協力し、外務省補佐官、運輸大臣などを歴任。その後、上院における野党労働党のリーダーとなる。

一九四〇年、労働党が挙国一致内閣に参加すると、平和主義を貫くポンソンビーは、労働党から脱退した。

一九一四年十月、ポンソンビーは、自由党の名の知れた議員三人（ノーマン・エンジェル、エドモンド・D・モレル、トレヴェリアン）および労働党のリーダー、ラムゼイ・マクドナルドとともに「ユニオン・オブ・デモクラティック・コントロール（UDC）」を結成した。イギリスの外交政策を、継続的かつ公的に監視することを目的とする団体である。いくたびも訴訟や捜査の対象となりながらも、[3]彼らは、戦中戦後にかけてイギリス政府の戦争プロパガンダを批判する小冊子を発行しつづけた。彼らの活動は、

「国際理解のための機関誌」と銘打って発行された月刊誌『フォーリン・アフェアズ（外交）』を中心とし、やがて国際的な発展を見せる。

ポンソンビーを中心として創立されたUDCは、フランスの団体「戦争研究学会」や「平和民主同盟」と提携し、ジョルジュ・ドゥマルシアルの著書『いかにして良心を徴用したか』[4]の出版のために資金援助もおこなった。

ポンソンビーは平和主義者であり[5]、当然のことながら、戦争を残虐極まりない、暴力的で野蛮な行為として捉えている。だが、彼が自著で語っているのは、それだけではない。第一次大戦中、イギリス政府は、老若男女を問わず、あらゆる国民に義憤、恐怖、憎悪を吹き込み、愛国心を煽り、多くの志願兵をかき集めるため（当時、イギリスでは兵役が義務ではなかった）、「嘘」をつくりあげ、広めた。彼はその「嘘」を暴こうとしたのである。

彼の著作では、他にも、ドイツ、フランス、アメリカ、イタリアでの「戦時の嘘」についても言及されているが、中心となるのは、ノースクリフ卿の指揮のもと、母国イギリスがおこなった戦争プロパガンダの分析である。

ポンソンビーは、戦争プロパガンダの基本的なメカニズムについて論じ、戦争プロパガンダは、十項目の「法則」に集約できると書いている。

そして、この十項目を一章ずつたどっていこうというのが本書の主旨である。さらに、各項目ごとに具体例をあげ、ポンソンビーの指摘した状況が第一次世界大戦に限ったものではなく、現存する政治システムのなかでも、紛争が起こるたびに繰り返されている実情を明らかにしていく。

個々の発言意図を探るつもりはない。誰が真実を語り、誰が嘘をついているか、誰が善人で、誰が悪人かをつきとめようというわけでもない。ただ、あらゆる戦争に共通するプロパガンダの法則を解明し、そのメカニズムを示すことが本書の目的である。

はっきりと目に見える「武力戦」において、戦争プロパガンダの法則があてはまることを証明するのはやさしい。だが、「冷戦」であっても、「漠然とした敵対関係」にあっても、戦争プロパガンダの法則は、実用的かつ有効な戦略として活用されているのである。

1

「われわれは戦争をしたくはない」

ポンソンビーによると、あらゆる国の国家元首、少なくとも近代の国家元首は、戦争を始める直前、または宣戦布告のその時に、必ずといっていいほど、おごそかに、まずこう言う。

「われわれは、戦争を望んでいるわけではない」

戦争および戦争に伴う恐怖は、たしかに常識的に考えて歓迎すべきものではない。よって、まずは、平和を愛していると見せかけるほうが得策というわけだ。

一九一四年、フランス政府は動員令発令に際し、徴兵は戦争のためではなく、平和を維持するための最善策である、と宣言した。

ドイツ首相も、一九一五年八月十九日に帝国議会でこう宣言した。

「われわれは決して戦争を望んではいない。帝国の誕生以来、平和な年月を重ねることで、われわれは利益をあげてきた。国家の繁栄は平和のなかにこそある」

第一次世界大戦終結後、一九二一年十一月、ワシントンでおこなわれた軍縮会議で、仏首相アリスティッド・ブリアンは、フランスの植民地戦争、ナポレオンやルイ十四世のおこなった戦争、ヴェルサイユ条約の領土要求などなかったかのように、平然とこう言ってのけた。

「これまでの歴史のなかで、フランス人は一度たりとも帝国主義、軍国主義に走ったことがない。現在のフランスに見られる節度ある外交姿勢は、他の戦勝国には決して見られないものである」

第二次世界大戦も例外ではない。連合国が平和を目指していたと聞いてさほど意外に思わない者でも、枢軸国側もじつはまったく同じことを言っていたとなれば、少なからず驚きがあるのではないだろうか。

たとえば、一九四一年十二月、太平洋戦争が始まったとき、日米それぞれの国で流されたニュース映画を見比べてみるとはっきりする。東条首相とローズヴェルト大統領は、開戦に際し、ほとんど同じ言葉を使って演説をおこなっている。どちらも、平和を望み、開戦には決して積極的ではないと語っているのだ。

ローズヴェルトは、しばしば平和を語っている。一九四〇年五月十六日および同年七月十日の国会において、ローズヴェルトは、アメリカ軍増強のために多額の予算を投入することを提案し、次のように語っている。

「われわれが戦争を望んでいないことは、全国民はもちろん、世界中の国々に知れ渡っている。われわれは、攻撃のために軍隊を動員するのではない。欧州戦争に派兵するのでもない。だが、欧米に対する攻撃があった場合、防衛のための力が必要である(1)」

だが、ヒトラーも、ゲーリングもリッベントロップ独外相も、一九三九年に同じことを言っているのである。さらには、仏首相エドゥアール・ダラディエも、おそらく、本音としては参戦の決定を先送りしようとしてのことだろうが、同じような言葉を口にしている。

第二次世界大戦前夜、フランス政府が公表した外交関連の資料(2)には、こうした一見矛盾した「平和主義」的表現が多数見うけられる。

一九三六年、ドイツとオーストリアの間で協定が締結されたおり、両国は今後、「平和維持につとめ、欧州全体の発展に貢献することを目的とし」、関係を改善していきたいと宣言した。

チェコスロヴァキア解体の発端となった政変に際し、ヒトラーは一九三八年九月二十六日、ベルリンの競技場で演説、英首相チェンバレンとの会見についてこう語った。

「私はチェンバレンに対し、ドイツ国民はただひたすら平和を望んでいると保証した。だが一方で、われわれの忍耐力にも限界があり、譲れない部分があると明言した」

ポーランド侵攻の一年前にあたるこの演説のなかには、ドイツ・ポーランド不可侵条約を理想化する、次のような発言もあった。

「われわれは、この条約こそ、継続的な平和をもたらすものであると確信している。二つの国の国民は隣り合って生きてゆかねばならぬ。大切なのは、両国の政府、両国の理性的かつ先見の明のある人々が、お互いの関係を改善してゆこうという強い意志をもつことである」

「平和への意志」は、ヒトラーの演説にかなりの頻度で登場する言葉である。

ヒトラーは駐独フランス大使に対し、独仏関係についても次のように述べている。

「私は、独仏関係が平和的で良好な状態にあることを望んでおり、そうならないはずはないと思っている。ドイツとフランスの間には紛争の種などいっさい存在しないのだから(3)」

一九三九年三月十五日、ヒトラーとチェコスロヴァキア大統領ハーハの間で、チェコスロヴァキア解体を決定する調停書が交わされた。この調停書は、「中央ヨーロッパにおける平穏、秩序、和平を目的としてあらゆる努力を惜しまない(4)」という表現で始まっている。

フォン・リッベントロップ独外相は、ドイツのポーランド侵攻について、スロヴァキア首相ティソに対し「総統は戦争を望んでおられない。あれは苦渋の決断だった(5)」

と告げている。ゲーリングも、ライン・メタルの労働者に対し、一九三九年八月初旬、こう語っている。

「ドイツは戦争を望んではいない。国民は、総統の決断に無言の信頼を寄せ、平和を待ち望んでいるのだ。だが、一方で、もし、この平和を拒絶し、欧州を戦火にまきこもうとする者があれば、われわれドイツは防衛のために立ちあがるだろう(6)」

ヒトラーは、一九三九年八月二十七日、仏首相エドゥアール・ダラディエに宛てた書簡のなかで平和への意志を表明している。その文面は、後に明らかになった彼の暴力的な計画を知らない者にとっては、じつに感動的でさえある。

「軍人としての経験により、私はあなた同様、戦争の脅威を熟知しております。こうした心情、経験をふまえ、私は、フランス・ドイツ両国の間に起こりうるあらゆる紛争の可能性を取り除くべく、全力で努力してゆく所存です」

さらに彼は国境のアルザス・ロレーヌ地方を放棄したことを強調し、仏首相を安心させようとする。

「こうして放棄し、態度で示すことで、何とか紛争の種を取り除き、一九一四年から一九一八年までの戦争の悲劇を再現することだけは避けたいと思うのです。(中略)新たな流血を避けるためにこそ、ドイツはアルザス・ロレーヌの領土を放棄したのです」

ヒトラーは同じ頃、イギリス政府にも書状を送り、平和への意志を表明している。彼は、このときも「ドイツ政府は独英間の理解、協力、友愛を心から望んでいる」と書いているのだ。

一九三九年九月一日、ヒトラーはポーランド侵攻に際し、ドイツ国会を召集した。彼は、ここでも平和主義をかかげ、平和維持のための努力を語っている。

「私はこれまで、平和的な方法で、状況建て直しを図ろうと努力してきた。われわれは武力にばかり頼ってきたかのように言われているが、それはまったくのでたらめだ。あらゆる機会をとらえ、私は一度ならず、交渉によって必要な改善策を得ようとしてきた。（中略）オーストリア、ズデーテン、ボヘミア、モラヴィアとの問題も平和的な解決を試みたが、惜しむらくは結果を得ることができなかった。（中略）ドイツとポーランドの間に平和的な協力関係を築くためには、方向転換が必要なのである」

いまさら驚くこともないだろうが、対する連合国側も、図式はまったく同じである。開戦直前の一九三九年八月十五日、駐独フランス大使は、ドイツ外務大臣に対して、フランスの現状を「平穏かつ平和的にことを進めつつ、何としてでもフランスの名誉を守り、国際政治のなかで立場を守ろうとしている」と説明した。

一九三九年九月二日、エドゥアール・ダラディエ仏首相は、衆議院で開戦を宣言した。このときも彼は、かつての植民地戦争を忘れたかのように、「他国の領土を侵略するなど、フランスにはありえないことだ」と述べた。九月三日の「国民動員令」でも、平和維持を強調する。

「私は、最後の最後まで一瞬たりとも休むことなく、和平のために奔走したと自信をもって申しあげます(7)」

すべての国家元首が、すべての政府が、こうした平和への意志を積極的に口にするとなれば、それでもときには、いや、かなりの頻度で戦争が起こってしまうのはなぜだろう、という素朴な疑問が、当然のことながらわきあがってくる。

この疑問に応えるのが、戦争プロパガンダの第二の法則である。話はこう続く。われわれは「いやいやながら」戦争をせざるをえない。というのも「敵国」が先に仕掛けてきたからであり、われわれは「やむをえず」、「正当防衛」もしくは国際的な「協力関係」のために参戦することになったのである。

2

「しかし敵側が一方的に戦争を望んだ」

アーサー・ポンソンビーの指摘によれば、両陣営がともに、相手国が流血と戦火の悲劇を引き起こそうとしていると主張し、それを抑止するために「やむをえず」参戦するという矛盾した構図は、第一次世界大戦時にすでに存在している。このことは、もちろん、第一次大戦以前の戦争にもあてはまる。

どの国も、戦争を終わらせるために戦争をしなければならないという矛盾に目をつぶり、今度こそ「最後の最後」だと主張する。

ロシアとフランスで同時に出された動員令がドイツの宣戦布告の引き金となったことは、フランス政府も承知していたはずである。しかし、フランスは動員令を出しておきながらドイツの宣戦布告を待ち、一九一四年八月四日になってから、大統領および首相の声明としてこう発表した。

「フランスが参戦するのは、非常に不本意でありながら、ドイツ側からの突然、卑劣で、陰険な、想像を絶する敵意の表明があったからに他ならない」（傍点引

用者）

もちろん、ロシアとの裏工作についてはいっさい触れていない。戦争の原因は、一方的かつ全面的にドイツにあると見せかけるために、フランス外交白書は、資料の一部を破棄および改ざんすることで、仏露間の協定やロシアの動員令との関連性がいっさい表沙汰にならないようにしたようだ。

フランスの歴史学者エルネスト・ラヴィスは、一九一四年十一月五日、パリ大学の入学式で演説し、「ドイツがみずから望んで宣戦布告しなければ、戦争は起こらなかったはずだ。ドイツが一方的に戦争を望んだのだ」（傍点引用者）と述べている。

同様に、一九一四年八月一日付、ル・マタン紙にも次のような記述が見られる。「戦争を回避するために必要なことはすべて手を尽くした。だが、それでも戦争が起こるのならば、われわれは大いなる希望をもって戦争を讃えよう」さらに、八月二日付ル・タン紙には「この戦争がやむをえないものである以上、誇りをもって戦い抜こう」（傍点引用者）とある。

当然のことながら常に「国境を接する隣国」は、敵とみなされる（だが、戦争勃発の時点で、真の「攻撃者」が誰なのか明確なケースはごくまれである）。

ルイジ・ストゥルツォによると、戦争とは、自陣営の武力または攻撃速度の優越性を根拠として、早期に確実に勝利できると踏んだ側が仕掛けるものだという。[1]

一方、敵、つまり対戦国は、常に条約を踏みにじったとみなされる。つまり、一九一四年時点のフランス側からすれば、ドイツ軍は、一八三九年以来ベルギーの中立を認めていた恒久条約に違反したというわけだ。

フランスは、ドイツが条約を反古にしたと主張する。だが、実際のところ、条約というのは、その効力によって有利な条件が保証される側にとってこそ不可侵なものであるが、条約を破棄したほうが有利になる場合には「紙切れ同然」のものなのだ。

たしかに、一九一四年、ドイツはベルギーの中立を侵した。だが一九一一年、フランス軍ミッシェル将軍は、フランス陸軍省への報告のなかで「フランス軍の兵力のうち、最大限の攻撃力をベルギーに集中させる」ことを進言している。[2]

同様に、イギリス軍も一九一一年以降、ベルギー軍参謀の同意を取りつけ、ドイツと戦争になった場合、予防的な措置としてフランドル地方に派兵する意向を示していた。[3]

というわけで、一九一四年八月、ドイツがベルギーに侵攻したとき、フランスとイギリスは派兵の口実ができたと、安堵したにちがいない。

つまり、双方とも、開戦を正当化する口実が必要だったのだ。相手国が戦争を望んだとなれば、十分、国民に対する言い訳になる。

一九一七年四月二日にアメリカが参戦したのも、「これまで中立国として保護されてきたアメリカ国民、およびアメリカの国益を犯そうとするドイツ軍に制裁を加えるため」（傍点引用者）である(4)。

いずれも、参戦は、攻撃に対する「報復」であると主張しているのだ。

一九一九年、ドイツ軍の敗北後に締結されたヴェルサイユ条約第二三一条は、ドイツに、第一次世界大戦の責任を全面的に負わせるものであった。ドイツおよびその同盟国は、「ドイツおよびその同盟国の攻撃によって、強制的に引き起こされた戦争により、参与した連合国政府および各国家がこうむったすべての損失、損害についてその責任を負う(5)」（傍点引用者）とあるのだ。

だが、戦争が終結すると、連合国側も双方に非があったことを認めはじめる。

一九二五年、元仏大統領ポワンカレはこう述べている。

「当初、ドイツおよびオーストリアは、意識的かつ熟考のうえで大戦を引き起こす意図があったわけではないだろう。彼らがその時点で、組織的な戦略を抱いていたことを確信させるような資料はいっさい見当たらない」

イタリア首相フランチェスコ・ニッティも、戦争終結後、敵国を一方的に有罪とするのは戦争の定石だと認めている。

「欧州全体を巻き込んだ悲劇的な大戦の責任は、決してドイツおよびその同盟国だけにあるとは言えない。（中略）しかし戦時中、われわれはみな彼らだけに責任があるとし、それを攻撃のよりどころとした。そして、ひとたび戦争が終われば、戦争の原因をあらためて論じることもない。（中略）ようやく外交資料を丁寧に読み直せるようになり、時間をおき冷静に考えられるようになってみると、（フランスの同盟国であった）ロシアの動きこそが、世界紛争の現実的かつ深刻な出発点になっていることがわかる」

「最後の戦争」と言われた第一次大戦で痛手をこうむった世代は、もう同じ轍を踏まぬだろうと思われた。だが実際のところ、その二十五年後、第二次大戦の前にも、まったく同じような言説が繰り返されたのだ。

フランスの学校では、フランス側にたった歴史が教えられている。つまり、かわいそうなオーストリアは無理やりドイツに併合され、平和を望んでいたチェコスロヴァキアは哀れにも分断され、民主主義をかかげたポーランドは不幸にも海側の領土を奪われた。これらは、すべてドイツ軍の挑発的行為であり、フランスとイギリスは、ドイツに対して宣戦布告せざるをえない状況になった。これも、貪欲なドイツ軍にズデーテンを奪われたときのような屈辱的な歴史を繰り返さないためだ……というのがフランス側の解釈である。

　こうして英仏側から見る限りでは、ドイツの脅威、チェコスロヴァキア民主主義政府の許されざる脆弱さといった理由はあるにしても、チェコスロヴァキアが人民および領土を強制的に譲渡せざるをえなかった状況が見えてこない。

　フランスは、不本意ながら参戦したのであり、その理由は、チェコスロヴァキアを救うためだと主張している。フランスは約束を守り、その署名に恥じないよう、不可侵かつ高尚なる誓約を全うしたのだと。

　だが、これはフランス側の論理であり、勝者の論理だ。

　というのも、ドイツがチェコスロヴァキアを攻撃した場合、ただちにフランスからチェコスロヴァキアに対して援軍を派遣しなければならないという義務は、どの条約にもまったく記載されていないのである。

自国の利益になると判断した以上、フランスが派兵することはもちろん可能である。だが、それを義務として強制するものはいっさい存在しない。一九二四年にフランス・チェコスロヴァキア間で交わされた相互保障条約にも、一九二五年に交わされたロカルノ条約にも、そういった条項はない。

一九二四年の条約によって、両国は、外交問題について協調すること（第一条）および、共有する利益が脅かされた場合、その利益を守るための措置をとることに同意すること（第二条）を約束したが、これは、ただちにフランス軍のチェコスロヴァキアに対する支援を義務づけるものではない。

またロカルノ条約は、たしかに、フランス・チェコスロヴァキア両国が、ドイツから攻撃を受けた場合、相互に援軍を派遣することを義務づけていたが、この相互保障条約は、ロカルノ条約全体が無効化した場合、効力をもたないと最終条項に明記されていた。(6)

一九三八年当時、ロカルノ条約は、複数の署名国から通達を受け、すでに過去の歴史と化していた。つまり、フランス・チェコスロヴァキア間の相互保障条項もすでに無効化していたのである。だがフランス政府は、その事実を国民に知らせようとはしなかった。状況の詳細を省くことで、フランスは、義務によって参戦せざるをえなかった、これは防衛戦争である、と国民に信じ込ませたのである。ダラディエは、一九三九年九月二日、衆議院における演説でこう語っている（今回も、植民地戦争は彼の念頭にないらしい）。

「われわれフランス人の勇敢な精神は、征服戦争ではなく、防衛にこそ発揮される。脅威を感じてこそ、フランスは立ちあがるのだ」（傍点引用者）

翌日、ドイツに宣戦布告し、国民動員令を発布することで、フランスはヴェルサイユ条約を反故にするような大きな賭けに出た。一九三九年九月三日、ダラディエはフランス全国民にむけて次のように語る。

「かねてより、多くの人が世界平和を求める声をあげていたにもかかわらず、ドイツは、心ある人々の声にいっさい耳を貸そうとはしなかった。（中略）戦争が不可避である以上、われわれは戦う」

つまり、戦争が始まったすべての責任は敵国にあるのだ。

さらに、当の敵国側の当時の資料を眺めれば、ドイツ、そして日本の側でも、「連合国側に戦争の責任がある」という論理が用いられていたことがわかるだろう。

ナチ党に限らず、当時のドイツの側からすれば、ヴェルサイユ条約、サンジェルマン条約、トリアノン条約は、いずれも受け入れがたい強制条約そのものであり、ドイツおよびオーストリアの領土を分断し、勢力を抑えるために、戦勝国が押しつけてきたものである。

ドイツにとって、これらの条約は屈辱的であった。敗戦国として物理的にも大きな痛手を受け、これまで旧ドイツ領土内に住んでいたドイツ国民は祖国から引き離された。そのためドイツは、この条約を見直し、不公平を正す必然性を感じていた。だが、仏英はそれを拒んできたのだ。

ドイツ側から見れば、一九三八年三月十一日のオーストリア併合は、決して武力による強制的なものではなかった。実際、オーストリア国民の大多数は併合に賛成していたのである。同様に、チェコスロヴァキアという国そのものも、仏英が、ドイツの勢力を抑えるためにカソリック国スロヴァキアと非宗教国チェコを人為的に統合した国家であり[7]、ドイツ系、ハンガリー系、ルテニア系、ルーマニア系、ポーランド系の住民を抱える多民族国家だったのだ。

両大戦間のチェコスロヴァキアは、(少なくともこうした国内の少数民族に対して) 寛容を欠き、民主主義の模範国家とは言いがたいものだった。これは、ポーランドの場合も同様である。ポーランドは仏英の同盟国であったが、独裁体制下にあり (ピルスツキ、ベックなど軍人政治家の台頭)、根強い反ユダヤ主義を抱えていた (むろん、ドイツに対する敵対心とは別個のものだ)。

ドイツは、第二次世界大戦に先立つ世界恐慌が起こった時点で、英仏およびその同盟国から攻撃や脅威のあったときは対抗措置をとると決めていた。

よって、ドイツ側のプロパガンダでは、一九三八年五月にベネシュ大統領が発令した動員令に対抗するためにこそ、翌一九三九年にかけてチェコに介入したのであり、ポーランドに侵攻したのも、ポーランド政府が先に挑発したからなのである。

ヒトラーは、ポーランド侵攻直前にイギリス外務省に以下のように書き送り、ポーランド国内のドイツ系住民に対する不当な扱いを告発している (彼の人格およびスラブ民族に対する壮大な計画を考えると、ずいぶん皮肉なことだ)。

「(ポーランドのドイツ系住民に対する行為は) 野蛮かつ制裁に値する不当なもので

ある。ポーランドにおいてドイツ系住民の多くは迫害を受け、強制連行されたうえ、非常に残虐な手段で殺される者も出ている。この状況は、主権国家として容認しがたいことである。かくして、これまで中立的な立場をとってきた我国ドイツも、正当な利権を守るため、必要な措置をとらざるをえないことになった」[8]（傍点引用者）

つまり、耐えに耐えてきたドイツも、ついに一九三九年九月に「堪忍袋の緒が切れた」というのである。

ドイツ外相フォン・リッベントロップは、この件について、一九三九年九月一日、駐独フランス大使の質問にこう答えている。

「ドイツ側からポーランドを攻撃したことはない。数カ月間にわたって、ダンツィヒの経済的封鎖、ドイツ系住民の迫害、たびかさなる国境の侵害など、われわれを挑発しつづけていたのはポーランドのほうだ。

総統は、ポーランドがみずからの非に気づくのを忍耐強く待っておられた。だがポーランドの出した答えはまったく反対のものであった。数カ月前から兵を召集していたポーランドが、昨日、ついに国家総動員令を出したのだ。ポーランドはすでに三回にわたってドイツ領土を攻撃している。ドイツがポーランドを侵略したという見方は誤りだと言えよう」（傍点引用者）

ヒトラーも国会で演説し、同様の理屈でポーランド侵攻は正当防衛であると弁明している。

「ダンツィヒは、もともとドイツの町である。回廊（ポーランド海辺地域）も、もともとはドイツの領土である。これらの地域は、ドイツ人によって文化的な発展を遂げたのだ。ダンツィヒはドイツから切り離され、回廊も奪われた。別の地域では、ドイツ系住民が迫害を受け、一〇〇万人が住居を追われている」

さらに、彼は同じ言葉を再度口にする。

「ポーランドは国家総動員令を発した。テロリズムの再燃である。私は、彼らに対抗するため、彼らと同様の手段でこれに応えることを決断した」

つまり、ドイツにとって戦争の責任は、ポーランドにあるのである。一九三九年九月一日、ドイツ外相フォン・リッベントロップは、ポーランド軍はすでにドイツ領土で攻撃をおこなっており、ポーランドがドイツを挑発し、交渉の呼びかけにも応じなかったとして、ドイツのポーランド侵攻を正当化した。

「総統は、戦争を望んではいない。だが、不本意ながらそうせざるをえなかったのだ。総統には戦争か平和かを選ぶ余地がなかった。戦争を選んだのはポーランドだ。ドイツの最低限の要求に対し、ポーランドは譲歩するべきだった。われわれがやむをえず要求したいくつかの条件を、ポーランドは承諾すべきだった。だが、それを拒否した以上、対立を招いたのはポーランドであり、ドイツではない(9)」

一九三九年九月三日、イギリスとフランスはドイツに宣戦布告した。ドイツ側からすれば、これも列強国が先に攻撃をしかけてきたということになる。ドイツは、ポーランドが攻撃したからこそ対抗措置をとり、英仏が宣戦布告をしてきたからこそ臨戦態勢に入ったのだ。

もうひとつ、一九三九年から四〇年にかけて、戦争を正当化するため、ドイツ政府が繰り返し力説していたことがある。英仏およびその同盟国は、すでにドイツを包囲しており、ドイツの領土をさらに縮小させるために戦争を仕掛けてきたというものだ。つまり、ドイツにとってこの戦争は抑止的かつ防衛的な意味をもっていた。一九四〇年五月に放映されたニュース映画においても、世界地図をアニメーションで提示しながら、不公平極まるヴェルサイユ条約を押しつけ、平和的な見直しを拒否してきた列強国は、ドイツを包囲しようとしていると訴えている。

アメリカも、自国が枢軸国に「包囲」され、危険な状況下にあることを口実に第二次大戦参戦を決めた。

一方、ひとたび独米関係が破局を迎えると、ヒトラーは、ローズヴェルトを反独の指導者とみなしはじめた。ローズヴェルトは、金融界とユダヤ人に動かされているというのだ。

ヒトラーによると、ローズヴェルトは内政やニューディール政策の失敗から国民の目をそらすために欧州戦争に参戦した、ということになる。さらにはこんな発言もある。

「戦争のごく初期段階からローズヴェルトは、国際法に反するありとあらゆる犯罪をおこなっている。（中略）ここ数年、ローズヴェルト大統領の耐えがたいほど挑発的な言動にもかかわらず、ドイツおよびイタリアは戦争の拡大を避け、アメリカと良好な関係を保とうと誠意ある努力を続けてきたが、結果につながらなかった。そのため、日独伊同盟の条文にもとづき、ドイツとイタリアは対アメリカ戦を支援せざるをえなくなった」[10]（傍点引用者）

ドイツ代理大使がアメリカ政府に送った文書を見ても、両国の戦争状態を認めたうえで、その責任はアメリカにあるとしている。一九三九年九月三日に英仏がドイツに宣戦布告をおこなって以来、アメリカは一度のみならず中立を捨て、可視目標としてドイツ軍の潜水艦を砲撃し、ドイツ籍の商船を拘束したというのである。

「現行の戦闘状態にあっても、ドイツはアメリカ合衆国に対し、国際法に則った態度を保ちつづけてきた。にもかかわらず、アメリカ側は中立を捨て、ついにはドイツに対して臨戦態勢に入った。アメリカ合衆国はみずから進んで戦争状態をつくったのである。(中略)ローズヴェルト大統領がかくのごとき状況をみずから招いた以上、われわれドイツも、今後、アメリカに対し戦闘状態に入ることを通告する」

こうして、非常に好戦的な者たちこそ、自分たちが哀れな子羊であるかのようにふるまい、争いごとの原因はすべて相手にあるのだと主張する。多くの場合、国家元首は、これは正当防衛なのだと世論を説得する(あるいはまた、自身にもそう言い聞かせているのかもしれない)。

ここで言いたいのは、加害者も被害者も同じだということではない。ただ、敵対状態にある双方が、同じ言葉を用いているという事実を指摘しているだけである。紛争が生じたとき、敵対する双方の情報源や資料も明らかにされない状況で、どちらが加害者であるかを判断することは不可能である。

敵国にこそ原因があるという考え方は、第二次世界大戦以降も繰り返されている。いくつか例をあげれば、読者にも思い当たる節があるだろう。

「欲深い」敵国が、哀れな我が祖国を包囲しようとしている、という図式は、冷戦中のアメリカにも見うけられた。独特の手法で地図を指し示し、国民に対して、アメリカは共産国に取り囲まれており、アメリカが「防衛のために」臨戦態勢にあることを印象づけようとしたのだ。だが、ソヴィエトの側でも、ソヴィエト連邦はアメリカとその同盟国に包囲されていると認識し、国民に対して冷戦への理解を求めていた。(11)

フランスでも、ある衆議院議員が防衛委員会で、サダム・フセイン、北朝鮮、リビア、イランがロシアと手を結んでバイオ・テロを「仕掛けて」きた場合に「備えて」、フランスも細菌兵器や化学兵器の研究を進めるべきだと提案した。だが、彼は、すでに同様の研究が西側諸国でもおこなわれていることには、いっさい言及しない。西側諸国は、こうした分野の兵器の使用のみならず研究開発も停止すると建前上、宣言しているからである。(12)

またアメリカは、迎撃ミサイルの建設に際し、敵国から超高性能ミサイルによる攻撃を受けた場合に必要な「防衛」のためだと説明しているが、現在の地理的・戦略的状況からすると、それほど高性能なミサイルがいったいどこから飛んでくるというのだろう。

一九九九年、NATOのユーゴスラヴィア空爆に際して、欧州諸国の政治リーダーたちは、各国の憲法で参戦決議は国会でおこなわれるとあるにもかかわらず、議会の決定がないまま攻撃に加担した。このことについて、国民に対し後ろめたいものがあったのだろう。彼らは、ユーゴスラヴィア攻撃に参加するのは「やむをえぬ」ことであると主張した。これも、戦争プロパガンダである。

ベルギー国防大臣官房クリスチャン・ランベールは、「なぜ、ユーゴスラヴィア空爆に参加したのか」という学生たちの質問に対し、「NATO加盟国としての義務を果たしたまでだ」（傍点引用者）と答えている[13]。

ランベールの返答は、じつに使い古された言葉であるが、現実に即したものではない。

たしかにNATO加盟国が攻撃を受けた場合、欧州の他の加盟国は戦闘状態に入る「義務」があるとしても、ユーゴスラヴィア空爆はこの条件に当てはまるものではない。セルビア人がNATO加盟国を攻撃したという事実はなく、攻撃したのは主権国家に対して軍事介入したNATO軍のほうである。しかも、攻撃は国連の決議を経ておこなわれたものではなく、軍事介入に参加した欧州各国の議会で同意を得たわけでもない[14]。

このとき西側諸国は、「相手側に責任がある」という理論を大々的に主張した。しかも、そこにはアーサー・ポンソンビーが指摘した次のような論法が実に顕著なかたちであらわれていた。「敵はわれわれを軽蔑し、われわれの力を見くびっている。このまま日和見主義でいてはいけない。いまこそ、われわれの力を見せつけてやらなくてはならない」という言い回しだ。

サダム・フセインに対する批判にも同じ論法がたびたびみうけられた。一九九〇年、彼は、「クウェートに侵攻（逆から見れば奪回ということになろうが）することで、国際共同体（この言葉が何を指すのかについては分析が必要だろう）を挑発した」とされている。

二〇〇〇年八月二日付ル・ソワール紙は、湾岸戦争の発端となった一九九一年初頭のクウェート侵攻から十年ということで特集記事を組んだが、この見出しにも「一九九〇年八月二日、サダム・フセインはクウェートから世界に戦いを挑んだ」とある。

一九九九年、西側諸国は、ユーゴスラヴィアがNATOに戦いを挑み、武力による応酬を招いたと主張した。一九九九年一月十八日のル・ソワール紙から引用しよう。「NATOは、シニカルな驚きをもってこの挑発を受けとめた。地球上もっとも強力な軍隊が、いつまでも優柔不断な態度をとりつづけていいのだろうか？」

二〇〇〇年八月六日、七日付ル・モンド紙の見出しはこうだ。「スロボダン・ミロ

シェヴィッチのあらたなる挑発」（傍点引用者）
NATOは当初、セルビア人が、コソヴォのアルバニア人に対し、民族浄化をおこなったとみなし、それに介入したつもりだった。
だが、後年、欧州安全保障協力機構（OSCE）の国際政治専門家は、ドイツ政府の内部文書に以下のような記述を認めている。

「三月二十四日、NATOがユーゴスラヴィア空爆を開始、ベオグラードは、コソヴォのアルバニア系住民に対する暴力行為でこれに応酬する。だが、空爆が始まる以前、三月二十四日以前のコソヴォでは、ユーゴスラヴィア警察によるアルバニア人への暴力行為がごく限定的に見られただけであり、アルバニア人全体を対象とする『民族浄化』は存在しなかった[15]」

しかし、ユーゴスラヴィア空爆の要となる欧州諸国の国民的な同意を得るには、空爆以前から民族浄化が始まっていたと思い込ませる必要があったのだ。
戦争の責任はすべて敵国にあり、とくに、その指導者たる人物がその原因をつくっている。

戦争になったのはサダム・フセインのせいだ。「独裁者であり、略奪者であり、ジェダーにおける和平交渉をみずから破綻させ、国際法を犯し、挑戦状をたたきつけた彼のせいだ[16]」

戦争になったのはミロシェヴィッチが悪い。西側諸国がランブイエ会議で示した和平案を頑固に拒否した彼が悪い[17]。

一九九九年五月七日号のル・ヴィフ＝レクスプレス誌の見出しを引用しよう。

「セルビア人とアルバニア人の間に多くの悲劇を生んだ責任は、すべてベオグラードの独裁者ミロシェヴィッチにある」

人々が、敵国の指導者その人に言及するのは単なる偶然ではない。ポンソンビーの唱えたプロパガンダの第三の法則は、「敵国の指導者に注目を集め、敵の具体的なイメージを国民に示すこと」なのだ。

3

「敵の指導者《リーダー》は悪魔のような人間だ」

たとえ敵対状態にあっても、一群の人間全体を憎むことは不可能である。

そこで、相手国の指導者に敵対心を集中させることが戦略の要になる。敵にひとつの「顔」を与え、その醜さを強調するのだ。

戦争の相手は必ずしも「ドイツ野郎」や「ジャップ」ではなく、ナポレオンであり、カイゼルであり、ムッソリーニ、ヒトラー、アラファト、カダフィ、ホメイニ、サダム・フセイン、ミロシェヴィッチなのだ。

こうして指導者の悪を強調することで、彼の支配下に暮らす国民の個人性は打ち消される。敵国でも自分たちと同様に暮らしているはずの一般市民の存在は隠蔽されてしまうのだ。

相手国の戦意を弱体化させるためには、まず指導者の無能さを強調し、指導者の信頼性や清廉性を疑わせることが必要になる。

単純なものでは、まず敵方の「大統領」や「将軍」といった肩書きをかぎかっこでくくり、その権威の正当性に疑問を投げかける表記方法がしばしばみうけられる。カラジッチ「大統領」、ムラジッチ「将軍」といったものだ（正式な独立国として認められていないセルビア共和国の大統領、およびセルビア軍幹部をさす）。

もちろん、それだけではない。さらに、ありとあらゆる手段を使って敵の大将を悪魔に仕立てあげ、征伐すべき悪人、恐竜の生き残り、異常者、野蛮人、凶悪犯罪者、人殺し、平和を壊す者、人類の敵、怪物だと人々に示すことが必要なのだ。

すべての悪は、こいつが原因だ。戦争の目的は悪者を捕らえることであり、彼が降伏すれば、倫理的かつ文化的な生活が戻ってくるはずだ。

たしかに、こうした敵の人物像が正しい場合もある。だが、こうした敵の「怪物」も戦争前は歓待されていた人物だったというのはよくある話であり、勝敗が明確になった後は、再び高い評価を得ることもあるのを見落としてはならない。

たとえば第一次大戦前、オーストリア皇室とベルギー王室との間には深い親交があった。(1) イギリスでも、ドイツ皇帝は敬愛の念をもって迎えられていた。開戦の数カ月前、イヴニング・ニュース紙（一九一三年十月十七日付）では、完璧な「ジェントルマン」として紹介されている。

「皇帝ヴィルヘルムは、高貴な紳士そのものといっていい方であり、そのお言葉は、幾千の儀礼的な誓約よりよほど信頼できる。われわれが常に心より歓迎し、惜別の念をもって出立を見送る客人である。そして、彼はまた、われわれと同様正義にもとづいて国を導こうという意志にあふれた指導者でもある」

ところが、大戦が始まるやいなや、度を越した悪評が皇太子に集中し、（スリまがいの不良、父を平手打ちにしたなど）、さらには皇帝にも向けられる。皇帝は、急転直下、異常者、殺人犯、人殺しと罵られる。一九一四年九月二十二日付デイリー・メール紙に掲載されたW・B・リッチモンドの書簡を引用しよう。

「狂人ヴィルヘルムが、ランスの聖堂を破壊する命令を出したところで、イギリスや欧州文明国、アジアを混乱に巻き込むことはできないだろう。

このたびの野蛮極まる行為は、われわれをひるませるどころか、団結を強めただけである。未曾有の惨禍から脱出するために、われわれは団結を強めた。

狂人は、みずからが火あぶりの刑になるのも知らず、薪を積みあげている。この怪物は、われわれを脅威にさらす。われわれは、たとえ死力を尽くしてでも、現代のユダとその手下である悪魔のような奴らが一掃されることを信じ、歯を食いしばって戦うのだ。

正義が勝利する日まで、われわれは忍耐に加え、勤勉かつ精力をもって戦おう。従順な国民を野蛮な一団に変えてしまった犯罪的な君主、犯罪的な皇室を排除することができるのならば、われらがイギリスはその血を惜しまない。

ジェームズ・クライトンが、ダムフライスにて『カイゼルを絞首刑に』と発言したそうだ。銃殺刑にすれば、彼の軍人としての名誉を尊重することになる。凶悪犯に残された道は、絞首刑しかないのである」（傍点引用者）

同じような報道が、一九一五年五月十五日付ザ・タイムズ紙にも見られる。

「ドイツによる大罪の責任、戦争に関する文明国間のあらゆる法と慣習を犯した責任は、ドイツの指導者、つまり皇帝とその側近にあり、われわれの懲罰と怒りは彼らに向けられている、とロバート・セシル卿は語った[2]」

デイリー・エクスプレス紙の社説は、皇帝がガーター勲章（イギリスの最高勲章）を剝奪されたことを告げ、以下のように書いている。

「町は焼かれ、老人も子供も殺され、女たちは暴行を受け、罪のない漁師たちも、王冠をかぶった犯罪者の命令で溺れ死んだ。『大いなる裁きの日』が来たとき、彼は、ファラバ号とルシタニア号の犠牲者から報いを受けることだろう(3)」

第一次大戦の末期、米大統領ウィルソンはドイツの帝政廃止を終戦の条件とし、ヴィルヘルム皇帝はオランダに亡命した。連合国側は正式に身柄引き渡しを要求したが、オランダはこれを拒否した。連合国は、オランダの拒否回答に譲歩したかのように見せかけたが、内心はかえって安堵したにちがいない。

ヴェルサイユ条約の第二二七条には、国際倫理と条約の神聖さを最大限に侮辱した罪(4)で、ヴィルヘルム皇帝に対する戦争裁判を開くことが規定されていたが、連合国は慎重な態度をとり、裁判を開こうとはしなかった。というのも、一度裁判が始まれば、皇帝の有罪を決定するのに十分な「証拠」がないという事実が露呈してしまうからだ。

たとえば、ドイツ軍の犯罪について皇帝の個人的な責任を追及する「物証」のひとつとされたのが、ヴィルヘルム皇帝が開戦直後にオーストリア皇帝に送った次のような書簡である。

「私の胸ははりさけんばかりに痛む。だが、それでもあえて流血も戦火もおそれず、老若男女すべてが団結しなければならない。樹木も家屋もすべて投入しよう。こうした恐怖をくぐりぬけてこそ、フランス国民のような堕落した民に打撃を与えることができるのだ。戦争は二カ月足らずで終結する。だが、私が人道的配慮を優先すれば、かえって何年も戦いを泥沼化させることになるだろう」

皇帝の有罪を立証するこの「文書」を、パリ大学法学部ラルノード教授（一般公法）、ラプラデル教授（国際公法）に見せてみた。両教授は、参考として、シャルムタン司教主催の「東方教育普及使節団通信」一三八号にこの書簡が掲載されていたことを指摘しただけだった。この文書が公表された情報源については依然謎である。

シャルムタンは、どこからこの文書を入手したのだろう。この文書は、いつどこで書かれたものなのだろう。原文はどこに保存されているのか。果たしてどこまで信憑性があるものなのか。

フランスでは、この書簡は、皇帝個人の戦争責任を立証する「根拠」としてたびたび引用されている（ドイツの新聞ベルリナー・ターゲブラット紙一九二一年十一月二十二日付は、この書簡の存在自体をはっきりと否定しており、偽造された可能性が高いと主張している)。

悪魔にまつりあげられた皇帝個人への激しい追及は、戦後、すぐに忘れられていった。戦時中、暴君アッチラにたとえられ、犯罪者として糾弾された元皇帝は、その後、連合国側からオランダで亡命生活を送ることを許され、そこで生涯を終えた。彼は、同じように怪物扱いされたサダム・フセインやヤセル・アラファトと同様の運命をたどった。だがアラファトの場合、長年、欧米のマスコミによって悪者(人殺し、テロリスト)扱いされたにもかかわらず、その後は中東和平のキーパーソンとして各国首脳と杯を交わし、一時的とはいえアメリカ大統領やローマ法王からも友好的に迎え入れられたこともある。

敵方の指導者は、その異常な姿が真実であろうとなかろうと、非人間的な怪物であり、狂人として国民に報道される。

とくに、ヒトラーについては、極度に不気味な人格の持ち主だとされている。連合国は、一九四〇年六月、コンピエーニュでフランスが降伏を認める条約に署名したときのヒトラーの映像を加工し、彼が異常なまでに興奮している様をニュース映画にして流した。満足げに微笑む顔や、足を高くあげ、かかとを踏み鳴らす姿を重ねて流すことで、まるで、彼がその場で喜びのあまり小躍りしているかのように見せたのだ。こうした「落ち着きのない」ヒトラーの姿は、ドイツに占領されていない連合国の国々で放映され、ドイツ軍のトップは恐れるに足りぬ滑稽な存在として印象づけられた。

第二次世界大戦以来、ヒトラーは悪の象徴としてすっかり定着している。敵方のリーダーはしばしばヒトラーにたとえられ、「第二のヒトラー」「ヒトラーの再来」といった表現もみられる。

だが、これも対立があってこそである。ヒトラーによって断続的におこなわれたプロパガンダは、戦況が逆転するまでは賞賛の的となり、戦後も再評価されている。同じことは、スターリン、毛沢東、金日成、チャウセスクについても言える。チャウセスクにしても、一時はベルギー国王やドゴール、ニクソン大統領と並んで写真におさまったことのある人物なのである。こうした、敵の大将を「悪魔」に仕立てる戦略は、ごく最近もあらゆる敵対関係において使われている。

イスラム色が濃厚なイランに対抗し、非宗教路線をかかげるサダム・フセインは、西側寄りの指導者として欧米で評価が高かったが、湾岸戦争が始まるやいなや、第二のヒトラーと言われ、その容貌についても揶揄された。

フセインの髭に修正を加えて短くし、ヒトラーそっくりに見せかけた写真が雑誌「ニューズウィーク」の表紙を飾ったのだ。

一九九一年二月十四日号のル・ヴィフ＝レクスプレス誌は、不安をかきたてるような黒い背景の前で暗い表情をうかべたサダム・フセインを表紙にし、見出しにはこうある。「サダム・フセインの企み。核、破壊、奇襲、テロ、犠牲、征服そして……」

ミロシェヴィッチも例外ではない。イタリアの週刊誌「エクスプレッソ」は、ヒトラーとミロシェヴィッチの顔を左右半分ずつ合成した「ヒトラシェヴィッチ」の写真を表紙に使った。

同様の演出は他にもみられる。ユーゴスラヴィア空爆開始直後、ル・ヴィフ＝レクスプレス誌一九九九年四月二―八日号の表紙は、左半分にミロシェヴィッチの顔写真、右半分にタイトル「ミロシェヴィッチの脅威」というネガティブな印象を与えるものだった。

同誌は記事本文のなかでも、不安をかきたてるような暗い印象のものを選んでミロシェヴィッチの写真を掲載し、「ミロシェヴィッチの破壊力はとどまるところを知らない」と書いた。

その三年前、ミロシェヴィッチは、パリでボスニア・ヘルツェゴヴィナ和平協定(5)が結ばれたおり、クリントン米大統領やシラク仏大統領と乾杯の席に並んでいる。それが、いまや両親のみならず母方の伯父も自殺しており、遺伝的に精神障害をもつ異常者であると書き立てられているのだ。

同誌の記事は、「ベオグラードの帝王」ことミロシェヴィッチの演説や文書をいっさい引用していない。(6) ただ一方的に、彼の不自然な行動や、憤怒、病的で暴力的な感情の爆発だけが描写されている。「彼が怒るとき、その顔は大きくゆがむ。突然、感情が理性を消してしまうのだ」

一九九九年四月八日付のル・モンド紙でも、彼の兄弟が煙草の密輸をしている、彼の妻は成りあがりの野心家で、幼い頃父になかなか認知してもらえなかったトラウマから心の闇を抱えている、といった記述が見られる。(7) ル・ヴィフ゠レクスプレス誌は記事をこう結んでいる。「スロボダン・ミロシェヴィッチとミラは、夫婦ではない。犯罪者同士が手を組んでいるだけだ」

ル・モンド紙でも、ピエール・アスネが、ユーゴスラヴィア空爆に支持を表明し、「NATO軍は、旧ユーゴスラヴィアの悪の根源ともいうべき人物、バルカン半島の暴君が誰であるかを突きとめ、はっきり敵として認識したのである」と書いている。(8)

敵のリーダーを悪魔に仕立てあげる戦略は、効果的であり、きっと今後もことあるごとに使われるだろう。読者に、国民に、善人と悪人の区別をはっきりさせなければならないとき、いちばん容易な方法は、相手を「最悪の奴」ヒトラーにたとえることだ。いかに弁明しようとも、悪の化身であることを否定しようとも、ヒトラーにたとえられたとたん、すべての名誉は失われる。

いったい誰が言い出したかは定かではないが、リベラシオン紙二〇〇〇年七月十七日付は、ジンバブエを占拠する黒人武装集団の首謀者を「ヒトラー」のあだ名で呼んでいる。記事のタイトルは「ジンバブエでヒトラー並みの過激主義」。リベラシオン紙から引用しよう。「〝ヒトラー〟ウンジは、不法占拠を煽動した罪で高等裁判所から有罪を宣告された」。さらに、二〇〇〇年四月二十六日付の記事でも、「BBC放送が伝えたように、この煽動者につけられた忌まわしいあだ名（〝ヒトラー〟ウンジ）は、彼がいかに非人道的な人間であるか雄弁に語っている」

同様に、ル・ヴィフ＝レクスプレス誌の記事は、ジンバブエの白人農場主（見落とされがちなことだが、彼らはイギリスの植民地としてジンバブエに入植し、ジンバブエの国籍を拒否してきた白人の大地主たちである）に味方し、ムガベ大統領支持者（これも見落とされがちなことだが、その多くは貧しい農民たちであった）を敵視している。(9) 同誌は、白人農場主に対する攻撃のうち、もっとも残忍なものを選んで報道している。同誌の記事は、黒人住民の蜂起行動を完全に否定し、地元部族の指導者を告発するとともに、退役軍人の指導者ウンジに批判を集中させている。彼が、「主導権を握って命令を下し、その破壊力によって人々を不安にさせている」というのだ。

そして、彼を「悪魔」と断定するひと言が下される。見出しにも、写真のキャプションにも、「〝ヒトラー〟ウンジ」と書かれていた。

このひと言で、読者は、ジンバブエの黒人たちが蜂起した理由について、まったく同情できなくなってしまうのだ。

4

「われわれは領土や覇権のためではなく、偉大な使命のために戦う」

多くの場合、経済効果を伴う、地政学的な征服欲があってこそ、戦争は始まる。

だが、こうした戦争の真の目的は国民には公表されない。

ルイ十四世の時代ならともかく、近代においては国家元首といえども国民の同意がなければ宣戦布告を行うことができない。多くの国では憲法によって、開戦に先立ち、国会での決議が必要とされている。(1) それでも、その国の独立、名誉、自由、国民の生命を護《まも》るために戦争が必要であり、この戦争は確固たる倫理観にもとづくものだとなれば、国民の同意を得ることはそう難しくない。

そこで、戦争プロパガンダは、戦争の目的を隠蔽し、別の名目にすり替えようとする。

たとえば、第一次世界大戦の場合、参戦した列強国にはそれぞれ次のような野望があった。

●フランス——対ドイツ戦は、領土を拡大し、第二帝政時の国境線を回復するために歓迎すべき戦争だった。

●ロシア――バルカン半島での主導権を握り、あわよくばコンスタンチノープル（イスタンブール）を手に入れたかった。

●イギリス――植民地および海軍における最強国の名誉を維持し、ドイツの領土拡大を抑止したかった。

●ドイツ――植民地から原材料を入手して、その加工品を輸出しようとしており、それを阻止しようとするイギリスと対立していた。ドイツはイギリスの海外領土独占に抵抗し、英仏露の団結を壊そうとしていた。

●アメリカ――ヨーロッパに対して多額の輸出と貸付を期待しており、列強国の仲間入りをしたかった(2)（実際、アメリカはこの野望を実現させた）。

だが、公式な文書には、こうした開戦時の野望がまったく書かれていない。特定の鉱山または領地が欲しいから参戦するという記述は、（アルザス・ロレーヌなど象徴的な地名を除き）いっさいない。また、植民地を取り返したい、力を示したいといった記述もない。

こうしたことが目的だと公言すれば、多くの国民が、人を殺しに行ったり殺される危険をおかしたりするのを拒否すると踏んでのことだろう。そこで、何としてでも高尚な倫理観を示し、戦争を聖なる十字軍に美化しておきたいのだ。世論を説得し、我国は――敵国とは異なり――限りなく高尚な目的のために戦うのだと信じ込ませなくてはならない。

アーサー・ポンソンビーは、第一次大戦の時点ですでに、参戦国の公式文書には、戦争の地政学的な意味や経済的な目的がいっさい言及されていないと指摘している。ただし、一九一九年九月五日、ウィルソン米大統領は、ある演説のなかで終結したばかりの第一次大戦について語り、経済効果などの隠れた成果にも触れている。

「近代世界において、戦争の火種になるのは産業的、商業的な競争であることくらい、男でも女でも、いや子供でも知っていることだ」

アメリカ合衆国は、欧州戦争に介入することで、産業的に大きな発展を遂げたばかりか、第一線の強国として国際政治に確固たる地位を得た。

一方、連合国側が公表した戦争の目的はおよそ、次の三点である。

●軍国主義の拡大阻止
●小国の保護
●民主主義の確立

こうした大義名分は、その後も、あらゆる戦争の開戦直前に、ほとんどそのまま繰り返されてきた。実際の目的とこうした大義名分が一致することは非常にまれ、いや皆無といってもいい。

第一次世界大戦の時点でもすでに、第三者の目から見れば、前述の三点が戦争の真の目的だったとは考えにくかった。

まず「軍国主義の拡大阻止」であるが、どの参戦国も、開戦前は軍備を競い合っていた。そして、この戦争によってプロシア軍の戦力拡大に終止符を打ったはずなのだが、終戦後も、連合国の軍事予算は縮小されるどころか、増える一方であった。平和のための戦争というのは、軍備増強の口実にすぎなかったのだ。

次に「圧制に苦しむ小国の保護」であるが、皮肉なことに、フランスとロシアは密約を結び（後年、ソヴィエト連邦が事実を公表）、敵から得た戦利品、すなわち領土の利権は、仏露の二大強国で二分することを決めていた。もちろん、そこに住む人たちの権利は無視してのことだ。ドイツに対して仏露同盟が勝利した場合、ドイツ本国の領土はフランスに、ポーランドはロシアに、というのがその密約の内容だった。

第一次大戦によって「民主主義の確立」が実現されたかどうかについては、連合国側にも弁明の余地がないだろう。

当時、連合国側だったロシアでは皇帝による専制政治がおこなわれていた。これだけでも、ドイツ帝国主義に対する民主主義の戦争だったという主張は信憑性に欠ける。さらにいえば、正当な選挙による国会を保持しているドイツのほうがイギリスよりも「専制的」だというのは理にかなわない。

同じことは湾岸戦争についても言える。西側諸国は、クウェート支援のために駆けつけた。だがクウェートという国は、これまで民主主義に背を向け、理解を示さず、国民の一部特権階級にしか社会的地位を認めず、人権、とくに女性の人権については日常的に蹂躙《じゅうりん》行為がおこなわれているといわざるをえない国である。

湾岸戦争に際し、西側諸国は、「侵略された小国」を救うという高尚な目的を主張した。これは第一次大戦時、自国が攻撃されたわけでもないのになぜ参戦するのかを国民に説明するため、英米が用いたのと同じ論法である。英米は「勇敢な小国ベルギー」を救おうと主張し、プロパガンダのなかで、大国ドイツに隣接するベルギーの苦しみ、殉死者や難民の姿を、これでもかとばかりに強調した。

ドイツの側にしても、宣戦布告に隠された本音は高尚なものとは言いがたい。一九一五年八月十九日、ドイツ首相は国会で次のように語った。

「ドイツは、決して、欧州制覇を狙ってきたわけではない。平和的な協調のなかで、全体の幸福、文明に配慮し、大小の国々を統治することを目指してきただけである」

第一次大戦において連合国側は、領土拡大の野心を決して公的にはあらわにしなかった（唯一の例外は、アルザス・ロレーヌ地方奪回に対する意欲を隠そうとしなかったフランスだろう）。

にもかかわらず講和条約が結ばれると、まるで魔法のように、イギリスは以下を戦利品として手にした（植民地、委任統治領、自治領、保護国など、それぞれ名目は異なる）。

●エジプト

●キプロス
●南西アフリカの委任統治（南アフリカ連邦統治下）
●ドイツ領東アフリカの委任統治
●トーゴーとカメルーンの約半分
●サモア（ニュージーランド統治下）
●ドイツ領ニューギニア、エクアドル南方諸島
●パレスチナの委任統治
●イラクの委任統治

こうした戦利品について、少なくとも戦闘が続いている間、一度も公式な「要求」はおこなわれていない。戦争中は、ただ、人権、国民の権利、民主主義や、打倒専制政治、打倒軍国主義を訴える声があるだけだった。

こうした「おきまりの」プロセスについては、すでにエミール・ゾラ（一八四〇―一九〇二）が指摘している。彼は小説『シドワーヌとメデリック』のなかで、登場人物の一人が、王の地位に就いた後、他の国家君主に対して皮肉たっぷりの演説プログラムを伝授するという設定で、次のように言わせている。

「戦争の主題をみつけるのは難しい。（中略）しばらく考えていると、名案がうかんだ。われわれは常に、自分のためではなく他人のために戦う。（中略）派兵するのが、どんなに名誉なことかわかるだろう。国民に尽くす篤志家となり、無私無欲の精神をかかげ、善良な目的を支持し、偉大なる思想のしもべであることを控えめに訴えよう。（中略）われわれは情熱を燃やし、求める者があれば軍隊を貸し与える。それは、われわれが、世界に和平をもたらすこと、真の和平をもたらすことを強く望んでいるからこそだ。わが軍の兵士は文明人として戦場を歩み、いつまでも野蛮な行為を続ける者の首を仕留める」

多くの政治指導者たちが、熱心にゾラの理論を実践してきた。一九三八年、ドイツ・ナチ党政権でさえ、チェコスロヴァキアに併合された旧ドイツ領ズデーテンのドイツ系住民を本国に取り戻すため、いささか逆説的ながらも「人道主義」を主張したのだ。

連合国側では、ミュンヘン会談でドイツがズデーテンの譲渡を請求したのは「傲慢な」行為だったと教えられている。だが、ドイツ・オーストリア側から見れば、ドイツ領ボヘミアとズデーテンの「返還」を主張したのは帝国主義的な行動ではなく、単に、きわめて不公平な条件のもとに強奪されたゲルマン系グループの一部を取り戻そうとしただけのことなのである。一八七〇年から一九一四年にかけて、フランスでは、「アルザス・ロレーヌ地方奪回」がプロパガンダの中心となった。第一次大戦終結後、ドイツ・オーストリアがかかげた「ドイツ領ボヘミア、ズデーテン奪回」の悲願もまた同じことなのである。

一九一九年、オーストリア共和国は国会で公式な抗議声明を決議したが、同国はボヘミアおよびズデーテンに対する統治権を失った。一九一九年以降、チェコスロヴァキアに統合されたこれらの旧ドイツ領に住む住民たちは、その後も抗議デモをおこない、チェコスロヴァキア政府から弾圧された。

一九一九年九月十日に締結されたサンジェルマン条約第五部には、ドイツ語の使用など、学校制度、司法制度などにおけるドイツ系住民保護のための政策が盛り込まれていた。[3]だが、チェコスロヴァキアは、早い時期からこれらのドイツ系住民を差別し、チェコ語の使用を徹底的に強制した。[4]

当時、チェコスロヴァキアでは、ドイツ系住民の発行する出版物が厳しく統制されており、彼らの組織する非営利団体も活動が制限されていた。さらには、農地改革の名のもと、多くのドイツ系住民が土地を接収された。

こうした弾圧に加え、ズデーテンのドイツ系住民の場合は――チェコ大統領エドゥアルド・ベネシュが、すべての役職はすべての人間に門戸が開かれると約束したにもかかわらず――行政面における扱いも平等とはいえなかった。そして、こうした被差別国民の存在こそが、ドイツやオーストリアのプロパガンダでは、虐げられている仲間を助けよう、不当に迫害されている仲間を助けようという、またとない大義名分になるのである。

ドイツにとってズデーテン問題は、チェコスロヴァキアに軍事介入の脅しをかけるにはもってこいの口実であった。アルザス問題が、フランスにとって都合のよい旗印となったのと同じことである。だが、これこそがヒトラーによる犯罪的計画の幕開けだった。ポーランドにおけるドイツ系住民もまた、ドイツのポーランド侵攻を正当化する口実となる。

一九三八年―三九年の外交文書（一九三九年八月十七日、十八日の駐独フランス大使の報告書など）を見ると、当時のドイツの演説、報道のなかでも、こうした旧ドイツ領に住むドイツ系住民の存在が話題の中心になっていたことがわかる。

当時、ドイツのプロパガンダでは「ポーランドのドイツ系住民を救おう」という言葉が繰り返され、ポーランドのドイツ系住民がいかに悲惨な目にあっているかが、詳細にわたり大々的に報じられていた。チェコスロヴァキアに続き、ポーランドでも「ドイツ人狩り」が始まる。多数の逮捕者が出たうえ、何万人もの難民が行き場を失い、ドイツ政府が、ドレスデン周辺とシレジアに急遽設置した受け入れキャンプへ避難してきた。

実際のところ、こうした「迫害」の一部は、ナチの工作員がみずから仕組んだという可能性もある。たとえばナチの工作員が、在ポーランドのドイツ系地主を攻撃し、ポーランド人過激派の仕業だと主張したケースも考えられなくはない。少なくともフランス側外交筋はそう主張している。ドイツ系住民の迫害は、国民および国際世論に対し、ポーランド侵攻を正当化するためにドイツがつくりあげたプロパガンダであるというのだ。

駐独フランス大使は、こうしたドイツのプロパガンダに対抗措置をとることの必要性を仏外務大臣に対して訴えている。「ドイツのプロパガンダの九五パーセントは、誇張、歪曲、またはまったくのでっちあげであるというポーランド大使の言葉が事実だとすれば、これに反撃するのは、それほど難しいものではないと思われる」。このあとフランス大使は、ドイツの新聞で一九三九年八月十五日、「残忍なポーランド人殺人鬼に、ドイツ人エンジニア殺される」という大見出しとともに報じられた殺人事件をとりあげ、実際には、この殺人は両国間に緊張が走る以前、六月十五日に発生したものであり、何ら政治的意図のからまない感情のもつれが原因のものだったと告げている。

だが、当時の状況においては、ポーランド政府がそのつど公式に否定し、それが中傷であると主張したところで効果はなかった。「ポーランドでドイツ系住民が迫害されており、支援の手を差し伸べなくてはならない」という論理を、ドイツ・ナチ党政府が、ポーランド侵攻直前、プロパガンダの前面に出すことで、国民の同情心を利用したという現実に変わりはないのだ。

ドイツの新聞もラジオも、日々、ドイツ系住民の受難を報じつづけ、ヒトラー、リッベントロップ、ドイツ大使らもそれを助長した。

ヒトラーは、一九三九年八月二十五日、駐独フランス大使と会見し、以下のように語っている。

「当初、私は、ポーランドのドイツ系住民に対する虐待については、いっさい報じないよう報道機関に指示していた。だが、現在の状況は寛容の限界を超えている。強制的に去勢させられた者までいる。国境の受け入れキャンプには、七万人が避難してきた。昨日もビーリッツで、七人のドイツ人がポーランド人警官に殺害された。（中略）どの国家でも、これほどの惨事が起きている以上、介入せずにいられるわけがない」

この件に限ったことではなく、こうした状況ではかなりの頻度で数字が引用される。フランス大使は、当時、七四万一〇〇〇人のドイツ系住民がポーランドに在住していたとしている。一方、一九三九年八月二十四日、ヒトラーは、チェンバレン英首相への返信のなかで、「ポーランドでは、一五〇万人のドイツ系住民が残忍な仕打ちに苦しんでいる」と書いている。また、同年八月二十七日、フランス首相ダラディエに対する返信のなかでも「国境地帯の住民、約二〇〇万人が恐怖に怯えながら暮らしている」と書いている。

フランス側から見れば意外に思えるかもしれないが、当時、ドイツは、「人道的な目的で」戦争を始めたのだ。彼らにとっては、英仏が押しつけてきた不公平な状況を正し、罪のないドイツ系住民への脅威を取り除き、迫害された人々を救い、ドイツ人の自由を守るための戦争だったのだから。

だが、それはあくまでも「表向き」の話だ。そこには、一度も公式に口にすることはなくても、経済効果や政治的な領土拡大への期待が隠されていた。[5] どんな戦争であれ、常に、美化された「大義名分」の裏には、必ずこうした本音があるのだ。

これまで、両大戦間のナチのプロパガンダ（経済的、地政学的な目的には言及せず、弱者の救済など、人道的な動機だけを主張する）について述べたが、アメリカはこれをさらにつきつめたかたちでプロパガンダに応用した。第一次大戦および第二次大戦の欧州戦線への介入に際し、国民の理解を得るのがその目的である。

第一次世界大戦の場合、アメリカの表向きな参戦理由は、哀れなベルギー王国とその難民を救うことであり、自由、人権、民主主義を守ることだった。だが、欧州戦争に参戦した本当の理由は、経済効果、地政学的な戦略にある。[6]

アメリカが、中立の立場から一転して第二次世界大戦参戦を決めたのも、政治的な意図があってこそである。ローズヴェルト大統領は、自由主義システムを疑問視する動きを非常に懸念していた。経済面での不安（アメリカの根底をなす経済システムの見直し）もあった。中立の立場を捨てるきっかけをつくったのは、一九四〇年五月のポーランド侵攻の後、「アメリカ軍の未使用の武器を連合国に売却」しようとするペッパー提案があったからだ。[7] この提案は、アメリカ上院外交委員会で二度にわたって否決されたが、ローズヴェルト大統領はこの提案を再検討しはじめた。[8]アメリカは、武器製造業界を活性化させる一方、連合国側に対し、詳細な借款契約を示し、担保保証を求めた。[9]アメリカ政府は、いったん民間企業（ユナイトテッド・ステーツ・スチール）に武器を売却し、その企業に英仏との仲介役をつとめさせることで、名目上、中立的な立場を守った。イギリスは植民地からの資源を担保として提供することができた。ベルギー、オランダも、アメリカの協力をとりつけるのに十分な担保を示したようである。

明らかに経済的な動機が存在したにもかかわらず、こうしたことは、公式な場ではいっさい明らかにされていない。

湾岸戦争、ユーゴスラヴィア空爆においても、開戦直前、同じような動きがあった。湾岸戦争の最大の目的は、政治基盤の確立と石油資源の利権だった。西側諸国は、不当に侵略された小国クウェートを救援するという口実で、イラクをいっせいに攻撃した。

時代を問わず、苦しんでいる弱者に同情するのは悪いことではない。だからこそ、大国は倫理的な主張をかかげ、「人道的」介入をおこなうことで、小国の政治に首をつっこむ。

アメリカは、麻薬組織と親密な関係にある南米の国々を批判し、それを口実に軍事介入をおこなってきた。とくに一九八九年のパナマ侵攻は、これまでにない強硬手段に訴え、少なくとも二〇〇〇人の死者を出したといわれている。だが、アメリカではこのパナマ戦争を「正義」と呼んでいるのだ。長年悩みの種になってきたドラッグの問題がからんでいるとなれば、パナマを攻撃するのに、これほど正当な理由はあるまい。敵は、まさにドラッグ問題の総本山なのだ(10)。

NATO軍によるユーゴスラヴィア空爆でも、表向きの主張と本音の間には、ずれがみられた。NATO軍の発表によると、軍事介入は、コソヴォの多民族性を保持したうえで少数民族の迫害を阻止し、民主主義の確立を促すとともに、独裁政治に終止符を打つためだという。人権という不可侵の権利を護るのが表向きの理由だ。

ところが、いざ戦争が終わってみると、NATO軍がかかげた介入目的はどれひとつとして実現していない。多民族社会の確立にはほど遠いし、少数民族に対する弾圧は日常的に続いている——今度はセルビア人とロマが標的となった(11)。にもかかわらず、空爆続行中は一度も口にされなかった経済的、政治的な目的は達成されているのである。

公式には何の要求もおこなっていないものの、NATO主要加盟国は、欧州南東部にまで堂々と勢力を広げた。これまで思いどおりにならなかった地域、アルバニア、マケドニア、コソヴォにまで駐屯地を拡大したのである。

さらに、経済面でも、これまで純粋な市場経済にいたらず、[12] 自由化を拒んできたユーゴスラヴィアに対し、西側諸国はランブイエ会議で、「今後、コソヴォの経済は自由市場経済の原則に従い、外資を含む自由な資本流通に対して広く開かれるものとする」ことを提案した。

単純に考えれば、迫害される少数民族の救済と、資本の自由な流通のあいだにどんな関係があるのかと不思議に思うことだろう。だが、前者は、後者、つまり堂々と口に出すのがはばかられる本当の目的を達成するまでの「隠れみの」なのだ。

一九九九年春、ワシントンでNATO五十周年記念サミットが開催されたおり、フォード、ゼネラル・モーターズ、ハニーウェルなどアメリカの大企業十二社がスポンサーをつとめた。[13] 一見、何ということもないが、見る人が見れば、これは「ギブ・アンド・テイク」である。ユーゴスラヴィア空爆によって社会主義経済を粉砕し、以前から大規模工事の受注や貿易拠点を求めていた多国籍企業にその場を提供したことに対する「謝礼」であることは明らかである。

ＮＡＴＯ軍報道官ジェイミー・シー自身、ユーゴスラヴィアへの武力介入にかかった費用は、新しい市場の確立とその後の経済効果を考えれば、時間こそかかるものの、十分回収可能だと語っている。[14]

一九九九年九月三日以降、ドイツ・マルクがコソヴォの公式通貨となり、同年四月にＮＡＴＯ軍の攻撃を受けて破壊されたクラグィエヴァツのザスタヴァ自動車工場（著者は同年五月にここを訪れている）は、すでに七月から韓国財閥の大宇《デウ》が買収を希望していた。[15]

フランス人ジャーナリスト、カヴァンナが美的に表現したとおり、「弾薬の商人がノルマを達成し、セメント商人がそろそろ自分の出番だと思いはじめる頃に」戦争は終わるのだ（シャルリ・エブド紙一九九九年六月二日付）。

この戦争の本当の目的が何だったかということになると、答えはたしかに複雑である。隠された経済的な意図があったことは確かだが、それがすべてではない。他の同盟国に威信を示し、勢力地図を広げたいというアメリカの意図もＮＡＴＯの決定にかなり大きな影響を与えたにちがいない。現在、われわれが知っている事実の範囲内で、ＮＡＴＯ軍のユーゴスラヴィア攻撃に合理的な説明を与えることは難しい。また、何が決定的要因だったのかを絞り込むこともできない。

アメリカ側の資料が公開され、ユーゴスラヴィア空爆の真意が明かされる日が、いつか来るかもしれない。アメリカは、ある種「腐った林檎」への恐怖、つまり、反逆する小国ユーゴスラヴィアを許しておけば、第二のニカラグア、第二のヴェトナムとなり、ひいては他国でも反米感情が高まり、アメリカに抵抗する国があらわれてくるのではないかという不安から空爆をおこなったとも考えられる。

いずれにしろ、開戦の動機は、人道的なものでも愛他主義でもない。ただ、開戦時、攻撃の必然性を疑う世論に対して、説得力のある理由を示すことが重要だったのだ。

人間というものは、誰しも、みんなのためを思って行動しているのだと思いたがる。ヴォルテール（一六九四―一七七八）の著書にも、こんな記述がある。[16] 天使イチュリエルの命令で、スキタイ人バブークは、インド軍とペルシャ軍の駐屯地をそれぞれ訪れ、話を聞いた。あるペルシャ人兵士がこう言った。

「どちらの陣営も、人類の平和だけを願っていると言いながら、何年にもわたって奇妙な理由で戦いつづけている。なぜ人が殺しあうのか、はっきりとわかっている暴君はまず存在しない。（中略）殺人、放火、破壊、略奪が増えてゆき、世界中が苦しんでいる。しかも、激しさを増すばかりだ。われわれの代表も、インドの代表も、人間の幸福のためだと言いつづけている。抗議行動が起こるごとに、町が廃墟と化し、地方が荒廃してゆく」

どんなにさもしい人間でも、利己的で卑劣な動機をわざわざ明かそうとはしない。むしろ、善意や愛他主義を装うだろう。そして、肯定的なイメージを保持するために、まず自分を納得させる。つまり、自分を騙すのだ。米大陸に上陸したスペイン人征服者はキリスト教布教を語り、チリの拷問者たちは反マルクス主義の戦いだと主張した。自分を納得させることができたら次は世論の説得だ。これは高尚な目的のためなのだと訴える。「悪党」「犯罪者」「殺人者」に対抗するために立ちあがるのだ、と。ここにも、戦争プロパガンダの法則がある。この戦争は「文明人」による「野蛮人」への制裁だと主張することだ。そのためには、敵側が、積極的に残虐行為を繰り返していると訴える一方、味方の犯す過ちは、不本意なものであると国民に示さなくてはならない。

それが、次章でとりあげるプロパガンダの第五の法則である。

5

「われわれも意図せざる犠牲を出すことがある。だが敵はわざと残虐行為におよんでいる」

戦争プロパガンダではしばしば、敵側の残虐さが強調される。

もちろん、残虐行為が存在しないわけではない。殺人、強盗、放火、略奪、暴行は——非常に残念なことに——古代から二十一世紀の現在まで、戦争や軍隊につきものである。

ここでいうプロパガンダによくみられる現象とは、敵側だけがこうした残虐行為をおこなっており、自国の軍隊は、国民のために、さらには他国の民衆を救うために活動しており、国民から愛される軍隊であると信じ込ませようとすることだ。

敵の攻撃を異常な犯罪行為とみなし、血も涙もない悪党だと印象づけるのがその戦略である。

第一次世界大戦時、両陣営は、こうしたイメージを利用した。ドイツ側では、蜂起したベルギーやフランスの義勇団が、卑劣な「殺戮」をおこなっていると非難していた。ポンソンビーによると、ドイツでは、アーヘン（オランダとベルギーの国境の町）の病院の一室まるごと、ベルギーで目玉をえぐりとられたドイツ兵に充てられていると報じられたという。また、フランス人医師と二人の将校が、メッツ（仏独の国境の町）の井戸にペスト菌とコレラ菌を投じたという新聞記事もあった。同様に、軍の統括下にあった「ドイツ記者クラブ」は、ベルギー人司祭が、祭壇の裏に機関銃を隠していてドイツ人を銃殺する、指輪をはめたドイツ人の指を切り落として首飾りにしている、さらにはドイツ人に対して毒入りのコーヒーをふるまうなどという噂をそのまま記事にしている。

　こうしたおぞましい噂は、ドイツ軍の内部に計り知れないパニックを呼んだ。ドイツ兵たちは、すべてのベルギー人、フランス人が極度のサディストであると思ったにちがいない。

　もちろん、対する連合国側も、すぐにそれに応える。現在、いくつかの論文で指摘されていることだが[1]、連合国側のドイツ批判は、集団心理と現実の戦況とがからみあうなか、まったくの作り話というよりも、自然発生的な感情がプロパガンダに巧妙に利用されたという説がある。まるで民間伝承の物語のように、噂は、直接的にも間接的にも事実と関係なく、戦場の緊張した雰囲気のなかで軍人や民間人が感じている激しい不安を背景とし、想像力から生まれるものである。政府のプロパガンダは、こうした自然発生的な感情を増幅させただけのことだ。もちろん、政府には、こうした噂を制限し、または消し去り、厳しく介入することで否定することもできたはずなのだが。

連合国側のプロパガンダで、もっとも成功をおさめ、政治的に大きな影響力をもったのは、第一次世界大戦時に流布した「手を切断されたベルギー人の子供たち」の話である。ジョン・ホルンは、この噂が根拠のないものであると結論し、噂の推移を追跡した。彼によるとこの噂は、一九一四年末、身体の一部を切断する残虐行為があったという話が報じられ、一九一五年になると「手を切断された」という具体的な表現が定着した。この「手を切断」という言葉は、野蛮人に対して善悪の裁きを下す戦いだという倫理的な動機、さらに長く厳しい戦いになりそうだという予感など、当時の国民感情を集約し、象徴するものとなったのだ。ジョン・ホルンによると、この噂は当初、政府のプロパガンダとは無関係なところで生まれた。だが、ドイツ兵の残忍さを印象づけることで、国境地帯に住む多くの国民が住居を離れて集団避難しようとするきっかけとなった。軍隊側にすれば、たとえこの避難行動によって悲惨な結果が生じたとしても、国際世論に広く、ベルギー難民の窮状とドイツ軍の残忍さを訴える好材料になるというわけだ。

終戦後、エッシャー卿はこう書いている。「ベルギーの件は、正直なところ幸運だった。これによって、国や政府の威信を守りつつ、参戦を決めるための倫理的な口実ができたからだ」[2]アメリカにとって、ベルギー難民と「手を切断された子供たち」の報道は、欧州戦争介入に向けて世論を動かすきっかけになったのだ。

ベルギーの歴史研究家シュザンヌ・タシエは、アメリカの歴史資料を調査し、中立的立場から連合国側と協調するまでの過程で、「かわいそうなベルギー」のイメージがアメリカ世論にどのような影響を与えたかを明らかにした。[3]

一九一五―一六年になるとアメリカの中立主義が揺らぎはじめていた。「ベルギー支援協会」がベルギーの子供たちの救済をかかげ、ドイツ軍の侵攻に苦しむベルギー人に向けて古着や食糧を送ろうと、広くアメリカ国民に対して訴えたことが、そのきっかけになった[4]というのだ。

残虐なエピソードは世界に広がる。エミール・ヴァンデルヴェルデやジュール・デストレは、イタリア各地で「手を切断された子供たち」の話を繰り返すことで、イタリア国民に連合国側に加わり参戦することを訴えた。

当時のイタリア財務大臣、のちに首相となったフランチェスコ・ニッティは、回想録のなかで「手を切断された子供たち」の与えたインパクトについて、こう語っている。

「ドイツ兵に手を切断されたかわいそうなベルギー人の子供がいるという。終戦後、フランスのプロパガンダに心を動かされたアメリカ人富豪が、手を切られた子供と会って話がしたいと、密使をベルギーに派遣した。ところが、誰一人として実際の被害者を見つけることができなかった。当時首相をつとめていた私も、ロイド・ジョージも、名前や場所が特定されていたいくつかのケースについて、この報道の信憑性を確かめるべく詳細を調査してみたが、いずれのケースも、作り話であることが判明した[5]」

ドイツ軍は従軍看護婦にも重傷を負わせる。四人の死体を解体して潤滑油の原料にする。炭鉱を封鎖して炭鉱夫たちを生き埋めにする。捕虜の顔に双頭の鷲の刺青を彫る。捕虜の舌を切り落とす。ドイツ軍はわざと病院に爆弾を落とす、教会を狙って爆撃するといった報道さえあった。

文化に理解のないゲルマン民族の軍人が（だが、戦前、科学、芸術、思想の分野で多くのドイツ人が世界的な活躍を見せていたのは周知のことだというのに）、ルーヴァンの教会が燃えたとき、その炎のなかにオランダ人画家ディルク・ボウツの「最後の晩餐」

を投げ捨てたという報道もあった。だが、「最後の晩餐」は、現在もルーヴァンの聖ピエール教会に存在しているのだ。

ドイツの怪物は、たいまつをふりまわし、芸術の町や記念建造物を焼き払い、祝杯をあげたかと思うと、乳児ののどを裂き、女と見れば、乳房を切り落とすか、悪魔のような笑い声をあげて暴行する。(6) そんな話が広がっていった。

事実だけを見ても、戦争の被害は決して軽いものではない(フランス義勇軍に対抗するという名目のもと、ディナン、タミンヌ、アンデンヌ、ロシニョルといったベルギーの村でドイツ兵に殺害された民間人の数は二カ月で五五〇〇人と言われている)。だが、この戦争は、正義感あふれる軍隊が、人道的な行為を求めて卑劣な野蛮人と戦っているのだと見せかけるためには、さらに「ショッキングな」エピソードが必要だったのだ。

ポンソンビーは、次のような作り話を例にあげた。

「あるとき、三〇から三五人ばかりのドイツ兵が、ゼンプストにある馬方、ダヴィッド・トルデンの家に押し入った。彼らは主人を縛りあげ、その目の前で、十三歳になる娘に五、六人で襲いかかり、暴行を加えた。その後、彼らは娘を銃剣で突き刺した。さらに、九歳になる息子を銃剣で切り刻み、トルデンの妻を銃殺した。ベルギー軍の兵士が駆けつけたため、トルデンはすんでのところで生き延びた。ゼンプストでは、すべての娘がドイツ兵に捕らえられ、暴行されたという」

ところが、村の書記ポール・ヴァン・ベックプールルト、村長ペーター・ヴァン・アスプレック、およびその息子のルイス・ヴァン・アスプレックが、一九一五年四月四日、宣誓の下におこなった証言によると、ダヴィッド・トルデンという馬方の名前はいっさい心当たりがなく、少なくとも、戦争前、ゼンプストにそのような名の住人は存在しないうえ、村の住民の誰一人としてそのような人物を知っていた者はいないという。さらに三人は、戦争中、同村で女性および十四歳以下の子供が殺されたという事実はなく、もし実際にそのようなことがあれば、彼らの耳に届かないはずはないと宣言した。

他にも、こんな噂があった。テルナートという町で、ドイツ兵が、少年にツルトへの道を尋ねた。だが、少年はドイツ語がわからず、答えられなかったため、ドイツ兵は少年の手を切り落としたというのだ。これについても、テルナートの市長プート博士は、一九一五年二月十一日に次のように宣言した。

「この話には真実のかけらもない。開戦当時より私はテルナートに住んでいるが、このようなことが起こったら、私のもとに報告がないということはありえない。この話はまったくの作り話である」

かつてサンデー・タイムズ紙の記者だったことのあるF・W・ウィルソン大尉は、こうしたエピソードの変遷について次のように語っている。このコメントは、ニューヨーク・タイムズ紙に掲載された（その後、クルセイダー誌一九二二年二月二十四日号に再録）。

「ロンドンに本社のあるデイリー・メール紙の特派員として、私、ウィルソンは、戦争当時ブリュッセルにいた。本社から、敵の残忍さを語る記事を送れという電報が届いた。だが当時、そういった事件は起こっていなかった。それならば、難民についての記事を送れと再度電報がきた。そこで私は思った。これなら取材に行かずにすむぞ。ブリュッセルの近郊に食事のできる街があった。いまどきめずらしく美味しい夕食がとれるところだ。その街にもドイツ兵が来たと話に聞いた。きっと街には赤ん坊の一人ぐらいいただろう。そこで私は感動的な話を書きあげた。家が焼かれ、ドイツ兵の手にかかる寸前に助け出された赤ん坊の話だ。

　掲載の翌日、ロンドン本社からその赤ん坊を連れてこいという電報が来た。その子を養子にしたいという手紙が五千通も届いたというのだ。翌々日、本社には赤ん坊用の服がどっさり届いた。アレクサンドラ女王までが、心のこもった電報と乳幼児用の服を送ってきた。いまさら、そんな赤ん坊は存在しないと本社に電報を打つことはできなかった。そこで私は、難民の世話を担当している医師と相談し、その赤ん坊は、とある伝染病で死亡し、感染を恐れて正式な葬儀もできなかったということにした。

　集まった乳児用の服については、ノースクリフ妃がチャリティー・イベントを開いてくれた」

　ドイツ人がカナダ兵を磔《はりつけ》にしたという話もある。この話はカナダ中に知れ渡り、カナダの国会議員たちは、イギリスに対し、公式に問い合わせた。

「フランスに駐在中のイギリス軍においては常時訓練をおこない、ドイツ軍によるカナダ兵に対する残虐行為が認められた場合は、例外なくその詳細を報告するよう厳命を与えている。カナダ国会からの照会事項については、該当する情報がいっさい存在していない。ただし、その内容については、現在も調査を続行中である（テナン氏が一九一五年五月十九日にカナダ衆議院に対しておこなった回答）」

だが、ワシントンのマーチ将軍はこの話の信憑性を否定している。さらに、一九一九年、雑誌「ネーション」（同年四月十二日号）に一通の手紙が掲載されたことから、信憑性についての議論が再燃した。ロイヤル・ウェスト・ケント第二部隊に所属していたE・ローダーなる人物が、磔にされたカナダ兵を見たという証言を手紙で寄せたのだ。だが、その後、ネーション誌が、E・N・ベネット大尉に確かめたところ、ロイヤル・ウェスト・ケントにはE・ローダーという名の兵士は存在せず、まして、第二部隊は第一次世界大戦中、インドに駐屯していたという……。

第一次大戦中、敵の兵士たちの残虐性がいかに強調されたかについては、比較的、安易に納得することができても、自国の兵士も「あちら側」では血に飢えた鬼畜のように思われていたとなると、抵抗を感じる者も少なくないだろう。

第一次大戦時、連合国の側でも、非武装の敵を攻撃したことがないわけではない。

ドイツ軍が残虐行為をしたのが事実にしても、ドイツ兵がベルギーで民間人を殺害したのとまったく同じことが、連合国側の軍隊でもおこなわれていたのである。連合国軍による戦争犯罪を告発する書物がドイツとオーストリアで何冊も出版されており、そのうちのいくつかは信憑性が高そうだ(7)。

一九一六年八月上旬にドイツ人飛行士が、フランス総司令部に向けて落としたビラには、前線から遥か後方にあたるカールスルーエ、ミュールハイム、フライブルク、カンデルン、ホルツェン、マッパッハの民間人に対してフランス軍が空爆をおこなうのは不当であるという告発が書いてあった(8)。

このビラは、軍事目的とは無関係の女性や子供を殺害する「卑劣な攻撃」を糾弾するものだった。実際、フランス本国での新聞報道とは異なり、フランス軍の空爆は基地や駅だけに限られたものではなかった。たとえば一九一六年六月二十六日、カールスルーエでは、連合軍の空襲により、聖体の祝日の行列に参加していた女性二六名、子供一五四名が一度に亡くなっている。

ミス・カヴェル、ガブリエル・プチ、さらには脱走したドイツ兵をかくまい、逃亡させた罪で、戦争裁判所から死刑判決を受けたヴァルミー近郊の女性のような人物が他にもいたはずだ(9)。

ドイツ人捕虜の見張りを命じられたフランス兵の証言によると、「収容所長の公認のもと、痛ましく、不潔で、飢えたドイツ人捕虜に対して」こん棒や鞭で殴る、食糧を没収するなどの行為があったという[10]。

騎兵隊のフランス人将校グットノワール・ド・トゥリィは、一九一五年九月二十五日のアルトワ攻撃前夜、ドイツ人捕虜殺害を命じたことを理由に、第一三歩兵団を指揮していたフランス人将軍マルタン・ド・ブイヨンを告発している。

コクラン軍医の指摘によると、同日、シャンパーニュ地方でも同じような命令が下されたという。また、第五二植民地部隊は、この命令を極端なまでに徹底した形で遂行し、負傷者、看護婦、医師にいたるまで手をかけ、ドイツ兵救護所を全滅させた。

世界中どの軍隊もそうであるように、連合国の軍隊はそれぞれ負の歴史を背負っている。イギリス軍は百戦錬磨の軍隊である。一八一二年の米英戦争でワシントンを焼き払い、アイルランドやインドでも残虐な行為を繰り返してきた。たしかにドイツ軍は、ナミビアのヘレロ族を皆殺しにしたが、南アフリカ戦争のときボーア人の農場を片端から破壊し、そこに最初の「強制収容所」をつくったのはイギリス軍である[11]。ロシア軍は、一八三〇年と一八六三年の二度にわたってポーランドに攻め入り、第一次大戦中も、リトアニア、リットン、そして、後退させたポーランドを再び苦しめた。

東プロシアでも、ロシア軍は、たった一カ月の侵攻で三万戸の家屋を破壊した（一方、ドイツ軍によるベルギーでの被害は一万五〇〇〇戸である）。アメリカには先住民を大虐殺した過去がある。ベルギーとて、コンゴを植民地として丁重に扱ったとは言えない。フランスにいたっては、ナポレオンによる欧州征服とパリ・コミューンの鎮圧は、忘れることのできない残忍な「先例」をつくった。

これだけの兵《つわもの》がそろったうえで、第一次世界大戦が、悪党を征伐する高貴な騎士の戦いだと無邪気に信じる者はまずいないだろう。

どちらの陣営だろうと、暴力というのは程度の差こそあれ残忍なものであり、状況、手段、訓練や命令のあり方次第では、想像を絶する激しいものとなる。だが、戦争プロパガンダは、こうした暴力を用いるのは敵側だけだと思い込ませ、自国の軍隊が暴力的な行為をしたとしても、それは失策や不注意から「不本意に」起きてしまったことだと主張する。

こうした法則は、アルジェリア戦争でもヴェトナム戦争でもみられた。さらには、湾岸戦争やコソヴォ紛争でも同じことがあった。湾岸戦争のとき、西側メディアは、イラク軍に捕らえられた西側のパイロットの殴られて顔が腫れあがった姿をこぞって報道した。だが後になって、パイロットの顔の傷はイラク兵による拷問が原因ではなく、飛行中の航空機から飛び降りたときにできた痣だったことが判明し、暴行の事実は否定された。

クウェート侵攻を制裁するにあたり、アメリカが、国民の支持を得るため、広告会社ヒル・アンド・ノールトンの流した情報を利用し、紛争介入を肯定する一大キャンペーンをおこなったのは周知の事実である。このキャンペーンの中心になったのは、保育器を盗もうとしたイラク兵が、なかにいた未熟児を放り出したというエピソードであり、国会でも国連でも、G・H・W・ブッシュ大統領（父）の演説でもこの話が繰り返し引用された。この作り話はアメリカ世論の転換に大きな影響を与えた。のちに、この話は、クウェート人有力者の出資を受け、広告会社がつくったでたらめだということが判明したが、その効果は絶大だった。

ユーゴ空爆においても、残虐さを強調した報道が、欧米の世論を大きく動かした。たしかに、すべての戦争、とくに内戦がそうであるように、コソヴォでは多くの暴力的行為が存在した。だが両陣営のプロパガンダは——すでに古典的とも言える手法にのっとり——敵方の残虐性だけを誇張して伝えていた。

西側メディアは、本章でとりあげた戦争プロパガンダの法則を忠実に実行した。民主主義国が相手に被害を与えても、それは悪気があってやったことではない。だが、セルビア人はみずから望んで暴力に走った、というのが当時の報道の中心だった。

セルビア人がNATOの攻撃によって被害を受けてもそれは「手落ち」の範囲内であり、同情の余地がない敵がどんなに苦しんでいてもそれは「副産物」でしかないのだ。

西側のプロパガンダは、空爆以前から、コソヴォのセルビア人による民族浄化に照準を定めていた。セルビア人は「民族浄化計画」を準備していると報道されていた。[12]プリシュティナの競技場は、一〇万人規模の収容所となり、ミロシェヴィッチはコソヴォのアルバニア系中道派リーダーたちを殺害したと報じられた。[13]ただし、これらのリーダーたちは、その数日後、無事が確認されているのだ。

西側メディアは、セルビア兵によるラチャク村での住民虐殺事件[14]、死体置き場の発見[15]といった「情報」を大々的に報道した（この「死体置き場」という表現も、敵軍に殺された被害者にのみ使われる。自国の軍が殺した兵士は、手厚く「墓地」に「埋葬」されるのだ）。さらに、セルビア人の脅威にさらされたアルバニア系被害者の数は何十万人にものぼると数字を挙げて解説する。戦後、コソヴォに入ったスペイン系法医学者のグループが、コソヴォ紛争における死者の数は、国籍の区別なく集計して、全体で四〇〇〇人程度だろうと発表しているが、そんな数字はプロパガンダにとって関係ないのである。[16] メディアの嘘はすでにその役割を終え、西側の世論を空爆肯定へ導くことに成功したのだから。

コソヴォのアルバニア系難民についても、彼らが住居を捨て難民になったのは、たしかにNATOの空爆開始によってセルビア人の脅威が激化したことも一因であるが[17]、空爆そのものによる恐怖も大きく影響していた。そして、この難民たちの姿も、プロパガンダに最大限に利用されたのである。

かつてベルギー人難民がアメリカに参戦を決めさせたように、アルバニア系難民の姿は政治に大きな影響を与えた。何週間にもわたって、すべてのニュース番組は、痛ましい光景、涙を誘う証言を流しつづけた。置き去りにされた子供たち、暴行された女性、皆殺しにされた家族、若者の声……。

あるフランス人将校によると、腕を銃弾で撃たれて避難してきた十歳のアルバニア人少年のニュースが流れた直後には、じつに五十師団分の兵士が集まったという。[18]

第一次世界大戦の昔と変わらず、あまり感動的な実話が集まらないと、メディアは話をつくることも辞さない。プロパガンダには、とにかく「美談」が必要なのである。CBCカナダ放送協会のジャーナリスト、ナンシー・ダラムは、この件について、自分がいかに状況に流されていたかを語っている。彼女は、十局あまりのテレビ番組で、目の前で妹を殺されたアルバニア人少女ラジモンダの話を紹介した。だが、調査の結果、ラジモンダの近親は全員存命であり、コソヴォ解放軍の運動員である彼女が、まったくの作り話をしていたことが判明した。事実関係にショックを受けたナンシー・ダラムは、番組を通じて、報道に誤りがあったことを視聴者に伝えようとしたが、少女の映像を流したテレビ局は、こうした「訂正とお詫び」を放送することに強硬に反対したという(19)。

第一次世界大戦時、ベルギー難民が政治的な思惑に利用されたことについて、ジョルジュ・ドゥマルシアルはこう述べている。

「フランスとイギリスは、泣き叫ぶ赤ん坊を抱いて同情心に訴える女乞食のように、ベルギーの不幸を利用した。しかも、施しが少しでも多く集まるように、わざと赤ん坊を泣かせておくのである」

一方、ユーゴスラヴィアの側では、当然のことながら、空爆による被害者の数がプロパガンダの中心となった。しかもその数字は、情報源によって五〇〇人から五〇〇

○人まで大きく異なっている[20]。さらに一九九九年夏以降優勢になってきたコソヴォ解放軍のアルバニア系運動員による「セルビア人迫害」も、ユーゴスラヴィア国内では大きく報じられた。

アメリカの人権保護団体「ヒューマン・ライツ・ウォッチ」（本来ならアメリカ寄りの組織である）によると、NATOの空爆による死亡者のうち、半数以上は、軍事施設以外を標的とした攻撃によるものであると発表した[21]。だが、NATO側は、発電所、橋梁、工場、テレビ局の建物も「軍事施設」に含まれると主張した。これらの施設にいた民間人が被害を受けても、それは、人間を盾にしたユーゴスラヴィア政府が悪いのだと言わんばかりだ[22]。西側メディアは、こうした「副産物」は、大きく扱わないことにした。だが、著者自身、一九九九年五月、空襲まっただなかのユーゴスラヴィアを訪れ、西側メディアの報じない、こうした被害が現地にとってどれほど大きなものかを目にしている[23]。

橋梁を通過中の貨物列車を誤爆したときなど深刻な失策があった場合、NATOは映像を操作し、早回しで放映することで「不本意なミス」であるという言い訳を通そうとする[24]。アメリカの爆撃機が、戦車と間違えて難民を乗せたトラクターを誤爆したときも、弁解や謝罪すらなかった。

NATOのコソヴォ介入後に起こったセルビア人、ロマ、ボスニア人など非アルバニア系住民に対する「民族浄化」――後に「民族移動」と言い換えられるようになったが――についても、イジー・ディーンストビール[25]の報告によると、じつに二五万人以上が住居を追われたことになっており、数々の痛ましい結果を生んでいる。だが、西側メディアは、あれほど大々的にセルビア人によるアルバニア系住民迫害を報じたにもかかわらず、こうしたNATO介入後の非アルバニア系住民の悲劇については多くを語ろうとしない。一方、ユーゴスラヴィアのメディアは、NATOによる空爆の被害や、これら非アルバニア系住民の紛争被害を大きく報じている。また、西側メディアでは、「空襲」のかわりに「空爆」という言葉を用いるようになった。「空襲」よりも、現代的であり無機的であるのがその理由である。多くの人は、「空襲」という言葉に抵抗を感じ、残虐なイメージをもっている。第二次世界大戦の「空襲」で近親を失った者に配慮し、別の言葉で置き換えることで、世論の抵抗をなくそうとしたのだ。

言葉の選択は大きな意味をもつ。自国の陣営について語るときは、領土の「解放」、「民族の移動」、「墓地」、「情報」という言葉を用いるが、相手の陣営については、同じ事象が「占拠」、「民族浄化」または「大量虐殺」、「死体置き場」、「プロパガンダ」

という言葉に置き換えられる。

一九九九年五月、ベオグラードの病院がNATO軍によって誤爆されたとき、ベオグラードの新聞「レ・ヌーヴェル・ドゥ・ソワール」[26]は、第一面に、傷ついた妊婦が乳児を抱きしめている痛ましい写真を載せ、「ゆりかごに爆弾！」と報じた。

ユーゴスラヴィア政府は、二巻組みの「白書」を発行し、ユーゴスラヴィアにおけるNATO軍の戦争犯罪を指摘している。この白書には、司法当局の報告をはじめ、一九九九年四月十四日ジャコヴィッァで難民の列が爆撃されたときの記録など、数多くの痛ましい写真が収録されている[27]。

もう一冊、二〇〇〇年に和平・寛容推進センターがベオグラードで出版した資料にも、亡命せざるをえなくなったセルビア人の姿や、NATOの支援を得て勝利したコソヴォ解放軍が、セルビア人の住居や教会に放火したときの様子など、多数の写真が収録されている[28]。

セルビアの検事総長は、二〇〇〇年八月、重要戦争犯罪者として、西側諸国の政治責任者一四名を告訴した。そのなかには、ビル・クリントン米大統領、マドレーン・オルブライト米国務長官、トニー・ブレア英首相、ジャック・シラク仏大統領、ゲアハルト・シュレーダー独首相、ヨシュカ・フィッシャー独外相、ハヴィエル・ソラナ前NATO事務総長（いずれも当時）の名前も含まれている。[29]

だが、西側メディアは――当然のことながら――NATOが与えた深刻な被害については言及していない。政策上、不利に働くからだ。痛ましい状況をプロパガンダに利用するには、とにかく政策上有利に働くことが重要なのだ。

どの参戦国にとっても、戦争の根源が暴力であることに変わりはない。人間的で穏便な戦争など絵空事でしかない。戦争に人間味を求めても無駄である。戦争プロパガンダの主張とは裏腹に、戦争が暴力である以上、フェアであるか否かを問うのは無理なことだ。

ヴォルテールは、『哲学的コント』のなかですでにこう指摘している。

「戦争の法は存在しない。戦時下において悪を抑止するのは法ではなく、恐怖や利得なのである」

だが、戦争プロパガンダの第六の法則にはこうある。敵は――一方的に――「戦争の法」を破り、「不当な」戦略や武器を用いている。

6

「敵は卑劣な兵器や戦略を用いている」

前章で述べた第五の法則の当然の帰結としてこの第六の法則が成り立つ。

わが陣営は、虐待行為はおこなわない。それればかりか――まるで何かの競技、それも過酷なスポーツ競技のように――ルールを守ってフェアな戦いをおこなっている、というのがよくある主張だ。

一方、われわれに刃向かう敵は、アンフェアなやり方も辞さない。

戦争の勝敗を左右する要素として、指揮官の戦略の巧妙さや、戦闘員の士気や勇気があげられるが、両陣営の武力の明らかな優劣もその大きな要因、いや、すべてがそこで決まると言ってもいいかもしれない。

ゴール人、アメリカ先住民、スペイン人民戦線は、優秀な指揮官をもち、人々の士気も高かったが、弩砲、騎馬兵、飛行機といった、これまでの戦法が通用しない戦闘手段の出現によって敗北したのである。

つまり、多くの場合、技術的な優劣が勝敗を決定するのだ。

必死に戦っているのに勝利の可能性が感じられず、新兵器をもっていないぶん自分たちのほうが不利だということに気づく。自分たちが使えない兵器を、敵が一方的に攻撃に用いるのは卑怯だと思う。かくして、自国がおこなうときには合法的かつ巧妙な戦略として有効な「奇襲」も、敵陣が仕掛けてくれば卑劣な行為として非難の対象となる。

一九四〇年六月十五日、ドイツに続いてイタリアがフランスを攻撃したことは、フランスにとって「寝耳に水」だったと学校では教えられる。ヒトラーのソヴィエト進撃も、日本の真珠湾攻撃も、エジプト、シリアがイスラエルに侵攻したヨム・キプール戦争（第四次中東戦争）も、トルコのキプロス侵攻も、サダム・フセインのクウェート侵攻も、すべて、善意を裏切る卑劣な行為として伝えられてきた。

また、敵に大きな打撃を与えた時は、たとえ民間人が巻き添えになった場合でも、攻撃を仕掛けた自国の陣営が悪いのではなく、民間人のなかに戦闘員を隠し、人間を盾に使った敵陣が悪いのだという主張が度々見られる。一九八三年、ソヴィエトが大韓航空機を撃墜したのは、アメリカが、大韓航空機を盾にして自国の偵察機を飛ばしたからだ。だが、こうした策略も、自国がおこなった場合には批判の対象にならない。

さらに、戦略だけではなく、兵器の選択も敵の卑劣さを示す大きな鍵となる。こん棒から核兵器まで、大砲も自動小銃も、どんな武器であれ、敵が一方的に使用し、自国が敗北する原因となった武器は、敗者にとってルール違反の卑劣な凶器とみなされるのだ。

第一次世界大戦では、毒ガスの使用が大きな議論を生んだ。

両陣営とも、最初に毒ガスを使ったのは相手側だと主張している。たしかに、最初に毒ガスの製造に成功し、使用したのはドイツ軍であった。連合国側は、みずからも同様の兵器の研究開発をおこなっていたにもかかわらず、ガスを使用したドイツ軍を糾弾した。毒ガスというのは、他の兵器に比べてそれほど「野蛮」で非人道的なものだろうか。顔面負傷兵とガスを吸った兵士とどちらが不幸かを論じても意味がない。だが、その後、第二次世界大戦まで長らくの間、毒ガスは「非人道的」兵器の象徴となった。

ドイツは潜水艦の技術にも長けていた（これは連合国側にはない技術だった）。よって、これも「卑怯な」武器の代表とされた。連合国はルシタニア号への魚雷攻撃を「海賊的行為」としてプロパガンダに利用、大々的に報じたのだ。

一九一五年五月七日、ドイツ軍潜水艦の発射した魚雷によって、イギリスの客船ルシタニア号が転覆、一二〇〇人の民間人乗客が死亡した。だが、すでに述べたように、ルシタニア号は武器を輸送中であり、その船底には弾薬が搭載されていた。乗客たちは何も知らされぬまま、いわば武器を運ぶための「生ける盾」として利用されたのだ。一方ドイツ軍は、すべて承知のうえでこの船を攻撃していた。

毒ガス攻撃と並び、ルシタニア号の悲劇はその後も多大な影響を残し、一九二二年にはワシントンで、ドイツ軍の得意分野であるこの二つの兵器、ガスと潜水艦の使用を制限する条約が締結された(1)。

この条約は、「中立性と非戦闘員の保護を目的とする文明国家間の協定」であり、毒ガスの使用を禁止するとともに、潜水艦による商船の攻撃は、民間人乗客および乗組員の安全が確認できる場合のみに限定している。アメリカ、フランス、イギリス、イタリア、日本が署名したが、当然、ドイツは署名しなかった。

一九三九年、英仏両政府は、旧来の武器による「人道的」戦争について共同宣言をおこなった。このなかで両国は、ガスの使用と細菌兵器の使用を禁じた一九二五年のジュネーヴ条約を尊重することを表明している。さらに潜水艦についても、一九三六年に「大多数の先進国(2)」の間で承認された国際協定を遵守したうえで使用すると宣言した。

だが、ヒトラー自身、第二次世界大戦開戦直後には、「非人道的」な武器および戦略を制限するよう、呼びかけていたのだ。武器および戦略の制限を提案したが、連合国側にこれを拒否されたと一九三九年九月一日、ヒトラー自身が国会で語っている。

「人権と相容れないものと思われる武力の限定、一部武器の使用禁止、特定の戦略の禁止を提案したが、連合国側はこれを拒否した。（中略）もしガス攻撃を受けたら、ガス攻撃で報復する。戦争の人道的ルールを守らない者に対しては、こちらも容赦する必要がないだろう」（傍点引用者）

周知のとおり、技術は日進月歩で進んでいる。新兵器は、すぐに「新」兵器ではなくなる。第一次世界大戦後、人々に非難されつづけてきたガス兵器は、少なくとも第二次世界大戦中、欧州の前線では使用されなかった[3]。扱いが難しく、味方陣営も吸い込む危険性が高いため、使用を見あわせたのだろう。

一方、ローズヴェルト大統領は、その後も潜水艦攻撃を不当なものとして非難しつづけていた。一九四一年六月二十日（アメリカが第二次大戦参戦を決める直前）、ローズヴェルトは議会で、アメリカの蒸気船ロビン・ムーア号がドイツ潜水艦に魚雷攻撃を受けたことを告発した。船体にはアメリカ国籍であることが明示されており、ドイツ軍もそれを承知で攻撃したとされる。よって大統領は、ドイツ軍の行為を、戦争法を犯す海賊的なものだと批判した。国際協定に反し（ただしドイツは協定署名国ではない）、乗客や乗務員の安全に対する配慮なく、商船を攻撃したのはテロ行為だというわけだ。[4]

「法に反する」兵器や戦略が非難される一方、第二次世界大戦は、第一次大戦やスペイン戦争以降定着した民間人への空襲、ダムダム弾の使用、V1およびV2ミサイルの使用、さらには初めての原爆投下とエスカレートしていった。

ドイツとアメリカは、勝敗を決定づける絶対的な「新兵器」の開発を競い合っていた。

アメリカが勝利をおさめると、その後長らく、核非保有国は核兵器の使用禁止を主張し、一方の核保有国は、核兵器の製造と保有を「仲間内」に限定するため、核兵器拡散防止を主張するようになった。[5]

第二次世界大戦以降も新しい兵器が開発され、なかには使用が禁止された兵器もある。朝鮮戦争時、共産国は、アメリカの細菌兵器使用を激しく非難した。

この議論は、その後も再燃した。ル・ヴィフ＝レクスプレス誌は二〇〇〇年十二月二十二日号で、ロシアがチェチェンに対して細菌兵器を使用したと報道、パリマッチ誌も同年七月二十日号で、細菌兵器の研究をしている「中国、リビア、北朝鮮、イランなど十七カ国」を非難した。偶然のようだが、この十七カ国は、理由こそそれぞれ異なるものの、すべてアメリカに反目する国々である。

この記事の執筆者であるピエール・ルルーシュは、フランス共和国連合党衆議院議員であり、フランス衆議院国家安全委員会の委員でもある。彼は社会党議員ギィ＝ミッシェル・ショヴォーとともに、ロシアの細菌兵器、化学兵器の研究開発状況を調査した。

ロシアより帰国後、パリマッチ誌の取材に対して、彼は十分な調査ができなかったと告白している。肝心な部分はいっさい見ることができなかったとしながらも、彼は次のように語っていた。

「旧来のテロ攻撃に続き、二〇〇〇年代にはバイオ・テロが出てくるだろう。とくに、宗教の名におけるもの[6]、狂信的な思想に従ったものなど、残忍な無差別攻撃も辞さないタイプのテロが予想される。

客観的な事実として、ロシアは生物兵器の主要製造国であり、これらの過激派集団と非常に親密な関係を保持している」

この記事のなかでルルーシュ議員は、一九九九年夏、ニューヨークで死者四名、感染者三三名を記録した「ナイル熱」の菌は、サダム・フセインの研究所から出たものだとほのめかしている。

同じく一九九九年八月、西側諸国から化学兵器の使用についてユーゴスラヴィアを非難する声があがった。

実はその二カ月前、ユーゴスラヴィアは、NATO軍が人体にも環境にも悪影響が懸念される劣化ウラン弾を空爆に使用したことを糾弾していた。また、国際赤十字が使用停止を求めているクラスター爆弾によって一五〇名の民間人が死亡した件についても、NATOを非難したのだ。

戦闘が続くなか、このニュースは、さまざまな情報コントロールにもかかわらず、西側マスコミの耳にも届き始めた。そこで、数週間後、NATO加盟国は反撃に出た。ユーゴスラヴィアだって、決して「紳士的な兵器」だけを使っているわけではない、コソヴォで生物兵器を使っているではないか、というわけだ。

人権保護団体「ヒューマン・ライツ・ウォッチ」は、後に、NATOがたしかにクラスター爆弾を使用していたことをつきとめた。(7) NATOも、二〇〇〇年三月になって、三万一〇〇〇個の劣化ウラン弾をコソヴォ紛争で使用したことを認めた。劣化ウラン弾は、奇形児の出生率上昇、死亡、不妊症などの悪影響が懸念される兵器である。だがNATOは、コソヴォ紛争介入時、これらの武器の使用を禁止する国際協定は存在しなかったと抗弁している。(8)

一九九九年五月、著者がユーゴスラヴィアを訪れたとき、セルビア人の若者が、空爆を終えて飛び去るNATO軍の飛行機にむかってこぶしをつきあげていた。彼らはパイロットにむけて大声で叫んでいた。「男なら降りてこい！　ここに降りてきて俺と戦え！」若者は、戦闘手段に大きな格差がある以上、こんな戦い方は「男らしくない」「フェアではない」と思ったのだろう。堅牢な爆撃機をあやつる「空の騎士」が、彼には卑劣な存在に映ったのだ。

実際、空爆のように、一人のパイロットが一万人にむけて弾を降らせる状況のなかで、一対一の決闘のような美学が存在するだろうか。

特定の兵器の使用が禁止されるか否かの基準は非常に微妙なものであり、しばしば偽善的な見解が示される。対人地雷廃止運動についても同様のことが言える。

二〇〇〇年七月二十一日、ベルギー王室は、国際身障者協会による対人地雷廃止キャンペーンを支援し、軍事パレードの際にも、剣やブーケ、背広のベストに青いリボンをつけて出席した。これを受けて、国防大臣およびパラシュート降下兵たちも同じ青いリボンをつけていた。

ベルギーのように地雷禁止運動を支持し、地雷使用者への怒りを表明する国は、たいがい地雷が必要ない国、つまり紛争のリスクが少ない国だ。

一方で、主要な武器生産国は、反地雷キャンペーンにまったく協力していない。最近の紛争でも、対人地雷は相変わらず使用されている。

アメリカは、いまでも、地雷を使用する可能性を残している。主にゲリラ戦を想定してのことである。フィンランドも、万が一、ロシアの侵攻があったときに備え、地雷禁止協定には署名しようとしない。ロシア、中国、インドも同様である。

つまり、どこの国も、自分たちが使う可能性のない兵器（または使うことができない兵器）だけを「非人道的」な兵器として非難するのだ。

7

「われわれの受けた被害は小さく、
敵に与えた被害は甚大」

よほどのへそまがりでない限り、人は勝者の立場を好む。

戦時中の世論の動向は、戦況によって左右される。

戦況が思わしくない場合、プロパガンダは自国の被害・損失を隠蔽し、敵の被害を誇張して伝える。

第一次大戦は——このときすでに——情報戦であった。情報を「伝えないこと」も、また情報戦のうちである。開戦から一カ月、フランス軍の被害はすでに死者約三一万三〇〇〇人にのぼっていた。だが、フランス軍参謀は、軍馬一頭の被害もいっさい公表せず、（英軍、独軍のような）戦死者名簿も発表しなかった。おそらく、軍内部はもとより銃後の国民が士気を失うのを恐れてのことだろう。多数の戦死者が出ていると知れば、戦争を続けるよりも和平を求める声が増えるだろうと考えてのことだ。

フランスの報道では、ドイツ軍に与えた被害を前面に出し、自国の被害についてはまったく触れなかった。

一九一七年四月二十二日（この直前、フランスはドイツ軍の前線に突入し、たった数時間の戦闘で一〇万人以上の死傷者を出した）、フランス衆議院議員ラファン＝ドゥジャンは、国会でフランス軍の被害状況を質問しようとしたが、発言も終わらないうちに質問を打ち切られた(1)。

フランスおよびドイツの資料を見る限り、互いに自国有利という戦況だけを公表していたようである。たとえば、ヴェルダンの戦いは、仏独双方とも自国の勝利と伝えている。ドイツ側にしてみれば、多数のフランス人捕虜を捕らえ、大量の武器を押収したので、この戦いは成功に終わったというわけだ。ドイツ皇太子は、ヴェルダンで勝利をおさめた兵士に褒章を与えている。一方フランスも、ヴェルダンの戦いはフランスが勝利したと報じており、フランスの辞書『プチ・ラルース』でも、第二次大戦まではヴェルダンの戦いを次のように説明していた。

「一九一六年、十カ月にわたって、フランス軍は、この地でドイツ軍の進撃を阻止し、ドイツ軍に多数の死者を出した。ヴェルダンの戦いにおけるフランス軍の攻防の粘り強さは世界中を驚嘆させた」

明らかに敗退した戦いについては、ごくあっさりと闇に葬られた。第一次世界大戦中、連合国側では、シャルルロワの戦闘も、モーブージュ占領も、一九一七年の攻撃もいっさい報じられず、ましてや一九一四年八月のタンネンベルクの戦いなど完全に無視されていたのだ。当時の戦況に詳しい者によると、この戦いでドイツがロシアに勝利したのは、歴史的にみて非常に驚くべきことだったという。ドイツは圧勝をおさめ、これ以降ロシア軍はドイツ領土から完全に撤退した。だがフランスの報道機関は、この戦いの結果を知らないふりで通し、いまにもロシア軍がベルリンに到達すると信じているかのようにふるまったのである[2]。

　こうしたご都合主義がみられたのは、人的被害についてだけではない。資金面でも同様である。まるで、戦争があってもいっさい血は流れず、金銭的な損失も皆無であるかのように報じられていたのだ。戦争にかかる多大な出費については何ら明らかにされず、むしろ、戦勝時の経済効果だけが新聞を飾る。戦争終結後、経済力は爆発的な伸びを見せ、さらなる経済活性化と繁栄が期待される。敗戦国からの賠償金も入るはずだ……。

　つまり、軍事的支出、兵士の人件費、借款の利子、破壊された建造物の再建費、負傷者、遺族、遺児への補償などで参戦国の財布は空っぽになると思いきや、戦争とは奇蹟のように金をもたらすものだとプロパガンダでは報じられる。

この法則は、それ以降も同様に実践されてきた。第二次世界大戦時、ドイツ軍は長らく自国の損失を国民に隠し、東方戦線で敗北したことも国民には否定しつづけていた。アメリカ合衆国も、長年にわたってヴェトナム戦争で生じた損失について言及しようとしなかった。

衛星による撮影・通信技術の発達に伴い、大々的な敗北を隠しとおすことは困難になったと思われる。だが、それでもマスコミが、ほぼ例外なく「公式発表」に従い、敗北の規模を少なめに報じていることは明らかである。NATO軍がユーゴスラヴィアを空爆したときのことだ。一九九九年、空爆の効果を示すため、NATOはユーゴスラヴィア軍の戦車を破壊したと毎日のように発表しつづけた。空爆終了までに破壊した戦車の数は一二〇台となっている。

ところが、一九九九年六月、クラーク司令官がアメリカ空軍に命じて調べさせたところ、アメリカ国防総省の正式発表では、実際に破壊が確認されたユーゴスラヴィア軍戦車は一二〇台ではなく一四台であり、ユーゴスラヴィア軍の保有する重兵器の六パーセント以下であった。[3] 一方、英空軍が二〇〇〇年九月になって明らかにしたところによると、ユーゴスラヴィアに投下された爆弾のうち、標的に命中したのは全体の四〇パーセントのみだったという。対レーダー・ミサイル「アラーム」が予想どおりの効果をあげたケースは一度もなかった。標的が移動性のものであり、各地に分散されていたこと、セルビア軍の巧妙な対空防衛により、標的に照準をあわせるだけの低空飛行が不可能だったことが原因で、思うような効果をあげられなかったと英空軍は、「あとになって」認めている。[4]

一方、ユーゴスラヴィアのマスメディアは、紛争初期に捕虜として捕らえたアメリカ兵三人の写真を何度も掲載することで、国民にかなりの人数の捕虜がいると錯覚させた。ユーゴスラヴィア軍総司令官は空爆終了後、NATO軍の損害は、軍用機、ヘリコプター、無人機など約一〇〇台と巡航ミサイル一〇〇発ほどになると発表した。[5]いずれの陣営も、こうした情報で士気を煽り、国民に戦果を納得させようとしたのだ。

プロパガンダで国民の心を動かすには、効果的な表現手段をもつ、その筋の「プロ」に集まってもらうのが得策である。こうして、第八の法則が続く。

8

#「芸術家や知識人も正義の戦いを支持している」

すべての広告がそうであるように、プロパガンダも、人々の心を動かすことが基本だ。感動は世論を動かす原動力であり、プロパガンダと感動は切っても切り離せないものだと言っていい。

ところで、感動をつくりだすのは、お役人の仕事ではない。そこで、職業的な広告会社に依頼するか（クウェート人有力者が、広告会社ヒル・アンド・ノールトンに依頼して、イラク兵によって保育器から引きずりだされた乳児の悲話を流布させたのがそのよい例である）、感動を呼び起こすことが得意な職業、芸術家や知識人に頼ることになる。

第一次世界大戦時、広告会社はまだ企業として誕生したばかりだった。よって、主に、プロパガンダに駆り出されたのは、芸術家や知識人たちであった。どちらの陣営でも、芸術家や知識人が国民の良心に訴え、志願兵を募るためのプロパガンダに参加した。戦争の嘘を感動的なかたちで広げるには、詩人や作家の文才が必要だったのだ。

海軍士官だったピエール・ロティは、アカデミー・フランセーズ会員であり、著名な作家である。彼は、ドイツ人捕虜を「無礼で野暮で醜いうえに、頭が悪くてどうしようもない」[1]と描写することで、敵意を煽り国威発揚に協力した。

戦争プロパガンダのなかで、もっとも痛ましいのは、有名無名の作家が参加して発刊された作品集『真珠』[2]だろう。そこには、一九一五年二月、フランス、イル・エ・ヴィレーヌ県で「宗教週報」に掲載された無名作家の作品、「手を切断された少女の祈り」も収録されている。ノール県の病院で、六歳の少女がひざまずき、小さな声でお祈りをしている。彼女の両手は包帯でぐるぐる巻きにされている。

「神様、わたしにはもう手がありません。いじわるなドイツの兵隊に切られたのです。ドイツの兵隊は、ベルギーやフランスの子供に手は必要ないと言いました。ドイツの子供だけが手をもてるというのです。わたしの手は切り落とされてしまいました。とても痛かったです。でも、ドイツの兵隊は笑っていました。ドイツの子供でないかぎり、痛みを感じるはずがないというのです。神様、それ以来、ママは気が変になってしまいました。わたしはひとりぼっちです。パパも、とっくにドイツ兵に連れて行かれてしまいました。パパからは手紙も来ません。きっと銃で撃たれて殺されたのでしょう……[3]」

この「手を切断された少女」にはイギリス版もある。「お涙ちょうだい」の文体は先ほど引用した「少女の祈り」と大差ないが、イギリスのサンデー・クロニクル紙に掲載されたものには、明らかに「文学的な」手腕が感じられる。

「数日前のことであるが、慈善家の貴婦人がパリのある施設を訪問した。そこには、数カ月前から多数のベルギー難民が暮らしていた。彼女は、そのなかにいる十歳くらいの少女に気がついた。この少女は、部屋が相当暑いのに、両手をみすぼらしい、ぼろぼろのマフに突っ込んでいた。突然、その子が母親に向かって言った。

『お母さん、鼻をかんで』

『まあ！　あなたのような大きな子が自分で鼻もかめないなんて』

慈善家の貴婦人は、笑いながらも、きびしく言った。その子は何も言わなかった。

すると母親が沈んだ、感情を殺した語調で言う。

『マダム、この子は両手をなくしたのでございます』

貴婦人は目を見張り、震えあがり、了解した。

『ええっ、なぜですの？　もしや、あの、ドイツ兵が？』
母親はどっと泣き伏した。答えは、それだけで十分だった[4]」

詩人たちも、この話にインスピレーションを受けた。ベルギーの著名な詩人エミール・ヴェルハーレンは、戦争プロパガンダに大々的に協力した詩集を出している。この詩集で、彼はドイツ皇帝の身体的欠陥を揶揄し[5]、皇帝は、陰険かつ冷徹で、ルーヴァンの焼失を嘆きながらもランスの聖堂に火をつけたと書く。エミール・ヴェルハーレンの詩には「殺人民族、ドイツ人」という作品もある[6]。

見事に弾が命中したか、道端に
倒れしドイツの兵士を見れば、
その軍服のポケットに
金の鎖と汚れたサテン
切り落とされし子供の足首[7]

「手を切断されたベルギー人の子供」の逸話は、リヴァプールの詩人にもインスピレーションを与えたようだ。一九二八年に発表された歌謡集『ア・メドレー・オブ・ソングス』には「愛国」という詩が収録されている。

ベルギーの女子を片端から乱暴し
息子をもつ母親を片端から不具にし
「文化的」なるドイツ軍が狂乱の突撃、
真っ先に立って堰きとめたるは彼らぞ(8)

画家や風刺画家も戦争プロパガンダに手を貸した。

ベルギーでは、アルフレッド・オス、エルネスト・ワント、ルイ・ラマイカース、ルイ＝シャルル・クレスパン、アルベール・ベナールなどが、ドイツの攻撃から逃げる難民、教会を焼かれて立ち尽くす神父、歴代カソリックの王を率いてキリストの前に立つベルギー君主などの姿を感動的に描いて見せた(9)。

フランスでも、著名な風刺画家たち（ルービル、ウィレット、ユアール、エルマン＝ポール）が、プロパガンダに協力した。プルボは、墓碑の前にひざまずく少女のイラストを描いた。墓碑の下に眠っているのは、切り落とされた自分の手首なのだ(10)。マテイスやモネも、反ドイツをかかげる愛国主義宣言「一〇〇人の声明」に参加した。音楽家も例外ではない。「一〇〇人の声明」には、カミーユ・サンサーンスも参加しており、ドビュッシーは、「家なき子のためのクリスマス」という曲を提供している。この曲の歌詞には「奴らは教会も、イエスの像も焼き払った。逃げられなかった哀れな者よ」とあるのだ。[11]

ドイツ陣営でも、芸術家や知識人を集めて同様のプロパガンダがおこなわれた。一九一四年十月はじめ、ベルリナー・ターゲブラッツ紙に、ドイツの知識人九三人が署名した「文明世界への呼びかけ」が掲載された。のちに「九三人のアピール」と言われるものである。この呼びかけは、フランスでも、同年十月十三日、ル・タン紙に掲載された。

「九三人のアピール」はドイツの科学、芸術分野を代表する著名人が、連合国の嘘と中傷に対抗しようと呼びかけたものである。興味深いことに、このアピールには、本書でとりあげたプロパガンダの法則のほとんどすべての要素が取り入れられている。ヴィルヘルム二世は、二十六年の即位期間中、戦争を回避するためにありとあらゆる手を尽くしてきた。彼は、「平和を愛するゆるぎない気持ち」に突き動かされてここまでやってきた。だが、ドイツは「不可抗力により」戦わざるをえなくなった。ドイツはベルギーの中立を侵したのではない。ただ「列強三国の突然の攻撃」に報復しただけのことだ。彼らがベルギーの中立を犯そうとしたので、ドイツは「機先を制した」だけだ。ドイツ兵は残虐行為をおこなってはいない。「正当防衛としてやむをえなかった場合を除いて、ただ一度たりともベルギー市民の命も物品も奪ったことはない」と続く。

この「アピール」によると、一方のベルギー人側は、ドイツ兵を「闇討ち」にし、負傷兵の手足を切断したり、ボランティアで治療をおこなっていた医師の首を掻き切るなどの残虐行為をおこなっているという。ルーヴァンを廃墟にしたのはフランス義勇軍の仕業であって、ドイツ軍は、街を無傷のまま残そうとした。「身を挺して炎から市庁舎を守ったのはドイツ兵だ」ドイツ軍は、戦争法を守り、人権を尊重しているのに、連合軍は西の戦線で「我らがドイツ兵の胸を引き裂く」。ダムダム弾を使用し、東の戦線では婦女子を殺戮している。

「アピール」は、その最後に、セルビア人やロシア人と手を組み、白人ではない「モンゴル民族や黒人たち」まで煽っているイギリスやフランスとは異なり、ドイツこそ文明国家であり、欧州文明の守り手であると宣言する。

ゲーテ、ベートーヴェン、カントの後継者であるドイツ文化人たち。「アピール」参加者のなかには、著名な文献学者フォン・ヴィラモーヴィッツ、のちにノーベル賞を受賞した物理学者マックス・プランク、歴史学者ハルナック、さらに何人かのカソリック神学者が名を連ねている。彼らは、ドイツ国民との連帯、文明を守るために戦うドイツ軍兵士との連帯を宣言し、ドイツ文明は、「何世紀にもわたって侵略の危険に脅かされてきた」と危機感を訴える。

こうしてドイツの大義を支持する「文明世界への呼びかけ」、別名「九三人のアピール」が発表されると、これに対抗して、連合軍を支持する署名が集まった。こちらも、科学者、大学教授、文筆家、芸術家が名を連ねる。まず、一九一四年十月のうちにイギリスの文化人が声明を発表し[12]、同じ頃、ロシアの知識人も同様の行動に出た[13]。十一月に入ると、ポルトガル科学アカデミーも、ドイツの「九三人のアピール」に対抗したアピールを発表した。さらにスペインの知識人や芸術家（ミゲル・デ・ウナムーノ、マニュエル・デ・ファリャなど）からも声があがり、アメリカ、アルゼンチン、フランスもこれに続いた。

フランス知識人の間では、第一次大戦の十五年前に起きたドレフュス事件以来、正義や権利について発言してゆこう、不当な行為に対してはペンをもって戦わねばならないという気運が高まっていた。彼らは、戦争が始まると、ドレフュス事件の時と同じような熱意をもって立ちあがった[14]。

そんななか、「九三人のアピール」に対抗して生まれたのが、いわゆる「一〇〇人の声明」である。これは、フランス碑文・文芸アカデミーが、「聖堂や歴史的財産を打ち壊すドイツ人に告ぐ」というタイトルで呼びかけたものだ[15]。カソリックも反教会主義の共和党員も、極右知識人（モーリス・バレス）も左翼系知識人（さらには無政府主義者まで）も、ドレフュス派も反ドレフュス派も、あらゆる党派の垣根を越えて集まった一〇〇人が参加している。戦争とは、分野を問わず、表現力を刺激するものらしい。参加者のなかには、トリスタン・ベルナール、ポール・クローデル、ジョルジュ・クールトリーヌ、クロード・ドビュッシー、カミーユ・フラマリオン、アナトール・フランス、アンドレ・ジイド、ルシアン・ギトリ、ピエール・ロティ、マティス、オクターヴ・ミルボー、モネ、カミーユ・サンサーンスの名がある[16]。

一方、反戦主義の文化人たちは、厳しい検閲や有形無形の圧力によって（このことについては第10章で詳しく述べる）、フランスでもドイツでも、声明を発表することはできなかった。

戦意高揚のために芸術家、知識人、文化人が駆り出されるとなると、二つの疑問がうかぶ。ひとつは、知性、才能とは何かという疑問であり、もうひとつは、なぜ彼らがその精神を、その筆を、戦争プロパガンダに提供したのかという疑問だ。

聖なる連帯感は、批判精神をすっかり麻痺させてしまう。マドレーヌ・ルベリウは、これらの知識人が「大学教授（パリ大学、古文書学校、高等学院、高等師範学校の教授を中心とする学者たち）、作家（ゾラ、ミルボー）を中心に集まった」と書いている。[17]

歴史学者たちも積極的に戦争プロパガンダに参加した。パリ大学教授シャルル・セニョボスもその一人だ。アカデミー・フランセーズ会員エルネスト・ラヴィスは、報復は神聖なる義務であると説き、ドイツの行動を徹底的に非難することで、フランスの決断を全面的に支持している。[18] こうした大学人が核となり、そこに文学者、音楽家、画家、イラストレーターが加わり、その後さらにミュージック・ホールの芸人や映画監督もやってきた。こうした者たちが、全員、正しい政治的、軍事的知識をもっていたとは思えないが、フランス軍の正当性を示し、国民の団結を高めるには、彼らの名前によって国民を惹きつけることが必要だったのだ。

第一次世界大戦のプロパガンダに参加したフランスの大学教授たちについて、ロマン・ロランはこう書いている[19]。

「すべての文学者が動員された。もう個は存在しない。大学は、まるで飼いならされた知性による省庁のようになってしまった」

さらに、国威発揚に協力した哲学者についても、こう続ける。

「概念を扱うのが得意なだけに、哲学者たちは、まるでマシュマロを扱うかのように、概念を引き伸ばし、ひねり、こねくりまわした。（中略）白を黒と言い、イマニュエル・カントの理論に、世界の解放やプロシア軍国主義を読みとろうとする。彼らは、具体的なことをわざわざ抽象的に説明し、現実をその影しか示そうとせず、任意の事象について、うわべだけの観察で知りえたことを、さも一般論のように語る[20]」

両大戦間の時期は、ファシズム支持か不支持かという政治的な選択によって、文化人が二分された。イタリア、ポルトガルではファシズム支持者、スペインではフランコ支持者、ドイツではナチ党支持者が優勢となりつつあった。やがて、ナチによる欧州各国への侵攻が始まると、ファシズム支持の知識人や芸術家以外には活動の自由が与えられなくなり、反ファシズムを信条とする文化人たちは、亡命や沈黙を余儀なくされた。一方、イギリス、ソ連、アメリカでは、知識人や芸術家たちが連合軍のために協力した。

原子爆弾を完成させるため、アメリカ大統領に研究促進を嘆願する文書が提出されたが、そこには、あのアインシュタインもみずから署名しているのだ。

第一次大戦時、前線でコンサートや芸能が催されることは、殆どなかった。だが第二次大戦になると、どちらの陣営でも、ミュージック・ホールの流行歌手を使って、兵士の慰問や世論の煽動をおこなうようになった。フランスの場合、アンドレ・クラヴォー、ティノ・ロッシ、シャルル・トレネ、アンドレ・ダサリー、エディット・ピアフ、モーリス・シュヴァリエといった歌手が、戦争初期に限定されるとはいえ、ペタン政権および占領軍のために歌った[21]。

第二次大戦中は、ラジオ、レコードがプロパガンダの手段として大いに利用された。イギリスBBC放送やモスクワ放送は、ヨーロッパにおいて、オピニオン・リーダーの役割を果たした。

アメリカでも、ローズヴェルト大統領の演説を録音したレコード[22]や、「リメンバー・パール・ハーバー」と題された行進曲のレコードが売り出された。

第二次大戦の場合、絵画がプロパガンダに占める割合は小さくなった。それでも、戦争の大義を示したプロパガンダ・ポスター[23]は作られている。アメリカが戦う理由として、四つの自由をセンチメンタルに表現したノーマン・ロックウェルのポスター[24]もあった。第二次大戦時のプロパガンダ・ポスターによく見られるモチーフとしては、敵の残虐性を表現したもの、連合軍の兵士を手放しで賛美するもの[25]があげられる。

もうひとつ、第二次大戦に特徴的なのは、プロパガンダ映画の登場である。アメリカでは、才能あふれる映画監督フランク・キャプラとヨリス・イヴェンスが、戦争プロパガンダのために映画をつくった。二人が製作に参加した映画シリーズ『われら何故戦うか』には、日本人を否定的に描き、極端に戯画化した作品もあり、誰がどう見ても戦争プロパガンダである。他にも、アメリカとロシアがともに連合軍側についた時期には、アメリカ人映画監督が両国の同盟関係を讃えて『ミッション・トゥ・モスクワ』『ザ・ノース・スター』などの映画作品を発表している。

米ソ冷戦中も芸術家や知識人たちがプロパガンダに参加している。さらに、新しい「アート」も加わった。漫画《バンデシネ》である。

ベルギーの少年少女向け雑誌「スピルゥ」には、「バック・ダニーの冒険」[26]の舞台として朝鮮戦争が描かれた[27]。フランスでは、『ベルナール・シャンブレ、黄色い国へのミッション』というタイトルで、インドシナ戦争を舞台に、フランスの兵士と残忍な抵抗勢力の対立を描いた漫画が発表された[28]。

また、「ブレイクとモーティマーの冒険」シリーズは、第二次大戦前に始まり、現在にいたるまで影響力をもちつづけている。二〇〇〇年に刊行されたシリーズ最新作『ヴォロノフの陰謀』は、一九五七年のソヴィエトで、学者が宇宙からやってきた未知のバクテリアの正体を四十八時間以内に突きとめるというドラマティックなストーリーであるが、ソヴィエトの学者たちはこのバクテリアを培養し、西側の重要人物を殺すために世界中にばらまこうと企てるのだ[29]。こうした作品を発表することで、この漫画家と原作者は、冷戦中のプロパガンダに参加した作家や映画監督と同じことをしているのだ[30]。

近年の湾岸戦争やコソヴォ紛争でも、芸術家や知識人はプロパガンダに協力を求められた。感動とは常に世論を動かす力であり、彼らは感動を呼び起こす才能をもっている。若い世代を感化するために、フランスの大学教授や哲学者、さらには、人集めが得意で、もろ手をあげて戦争支持にむかわせるような「メディア型学者」がプロパガンダに一役買った。[31] 彼らは、ショッキングな手法を考え出し、美談を語り、今日は「情報通」ぶったかと思うと、翌日にはその情報を否定し、少しでも自説に異を唱える者があれば罵倒する。こうして視聴者の注目を集め、煽動するのだ。それでもまだ躊躇する者がいれば、ファシズムやスターリンといった歴史の記憶を呼び覚まし、何かというと「大虐殺」「収容所」「ヒトラー」「ミュンヘン」「オラドゥール（大虐殺のあったフランスの町）」といった言葉を思いいれたっぷりに口にする。

地図もプロパガンダに利用される。西側諸国の計画が、すでに事実として地図帳に書きこまれ、認知されているかのように見せ、周囲にアピールするためだ。世界中で数百万部が発行されている月刊誌、ナショナル・ジオグラフィック・マガジン二〇〇〇年二月号に掲載されたバルカン半島の地図は、NATOの介入によって実現するはずの「予想図」であった。そこには、各国がはっきりと色分けされ、コソヴォおよびモンテネグロの一部を吸収したアルバニアの国土が示されている。[32] また、ユーゴスラヴィア空爆後の協定によって、ユーゴスラヴィア政府のコソヴォ統治が明確かつ最終決定されていたにもかかわらず、ベルギー・フランス語テレビ・ラジオ放送局は、その後も、天気予報のなかでコソヴォを独立国家として扱った地図を用いていた[33]。テレビは国民への影響力が大きく、ユーゴスラヴィアへの反感を高めるのに非常に貢献した。ニュース番組はもちろん、脈絡のない、ちょっとした映像が人々の心を動かしたのだ。

大がかりなテレビ番組が企画され、著名な歌手、アーティストが結集、政治に無関心な者や、ユーゴスラヴィア攻撃を支持するつもりのない者をも巻き込み、コソヴォに目を向けさせようとした。

ベルギーでは悲痛に顔をこわばらせ、激情のあまり声をかすれさせながら、テレビ・キャスターたちが一堂に会した。公共放送と民放の垣根も取り払い、全局で同時に同じ番組「コソヴォのために」を放送したのだ。どのチャンネルをつけても同じ番組が流れるのだから、逃れようがない。出演料の高額なアーティストが参加し、視聴者に募金を呼びかけ、フランス語圏とフラマン語圏を競わせることで、この番組は高視聴率を獲得した。そして、「こうした著名人も支持しているのなら……」と思わせることで、ユーゴスラヴィア空爆の正当化しようとしたのだ。

アナトール・フランスは——彼自身も「一〇〇人の声明」に参加しているのだが

——こう言っている。

「戦争において、もっとも嫌悪すべきものは、戦争によって生じる廃墟ではなく、戦時にあらわれる無知と愚かさだ[34]」

戦争の大義について、国民の支持を決定的にするためには、最後にもうひとつ、われわれの大義は特別なもの、正真正銘倫理的なものであると信じ込ませることが必要だ。つまり、これは聖戦であり、まさに十字軍の戦いなのだと。

9

「われわれの大義は神聖なものである」

神聖な大義とあれば、何があっても守らなくてはならない。必要ならば武器を手にとってでも。

この「神聖」という言葉は、狭義にも、広義にも使われる。文字どおりにとれば、宗教的な意味をもつ戦争はすべて、絶対の価値をもつ十字軍、聖戦であるということになる。

実際、戦争プロパガンダには宗教的な意味合いをもつ表現が多用される。兵士たちはしばしば「神のご加護に」「ゴッド・セーヴ・ザ・クィーン」といったスローガンをかかげてきた。これは、現代にもいえることである。

聖ベルナール（一〇九〇―一一五三、第二次十字軍を提言した修道士）がすでに書いている。

「信仰ある騎士は正々堂々と敵を討ち、静かに死んでゆく。死に向かいながら彼らは徳行を積み、殺すことで神に奉仕する。異教徒の命を奪うことは『殺人』ではなく『懲悪』である。キリストのために死ぬこと、殺すことは罪にあらず、神の栄光に値する行為である」[1]

ルター派も、歴代法王も、第一次大戦時にベネディクトゥス十五世が初めて和平を訴えるまでは、同様のことを言っていた。

コーランにもこんな一説がある。

「アッラーも終末の日をも信じない者と戦え、またアッラーと御使いから禁じられたことを守らず、真理の教えを認めない者は、経典の民でも、進んで税（ジズヤ）を納め、屈服するまで戦え」[2]

中世、聖トマス・アクィナス（一二二五―七四、スコラ哲学の完成者）は、「倫理的に許される戦争」の条件を次のように定めた――「正当な理由があり」「正式な政府が」決定し、「他に選択肢がなく」「害をもたらす悪に釣り合った規模の」戦争であること。その後、キリスト教国の元首たちは、戦争を始めるにあたり、この条件を満たしていることをよりどころとするようになった。

第一次世界大戦時、ドイツ教会はドイツ軍を支持し、フランス教会はフランス軍を支持した。パリ、マドレーヌ寺院でおこなわれたセルティランジュ神父の説教は、大虐殺に興奮し熱に浮かされたようだった。ベルギーでも、熱狂的な愛国主義者のメルシエ枢機卿は、反ドイツ主義を強調するあまり、法王ベネディクトゥス十五世と不仲になった。メルシエ枢機卿は、こう書いている。

「祖国の名誉のため、正義を守るために命を捧げるベルギー兵は、その武勇をキリストによって讃えられるだろう。また、その死は、神に許され、魂の救済を得るだろう(3)」

メルシエ枢機卿は、戦争プロパガンダのポスターにもたびたび登場している。彼は、連合国のカソリック信者にむかって、この戦争の神聖さを保証する存在だったからだ。その一方で、連合国は宗派の違いには目をつぶろうとしていた。というのも実際には、連合国のなかにはカソリック派(ベルギー、フランス、イタリア)だけではなく、プロテスタント派(イギリス)や、正教会派(ロシア)もいたのである。敵陣営もこの点では大差ない。

第二次世界大戦中のイタリアにおいて、連合軍のアメリカ人兵士（特に黒人兵）は、教会を荒らす聖像破壊主義者であると思われていた。だが、宗教が政治にまで深く浸透していたアメリカでは、連合軍の戦いを「神の戦い」「キリスト教の戦い」だと位置づけていたのである。[4] ローズヴェルト大統領は、しばしば演説中に宗教的な論議をもちだし、「神」や「ご加護」という言葉を頻繁に口にした。

「もし神がわれらを見捨てるのならば、もしわれわれが今あるものすべて、今もっているもののすべてを犠牲にしてキリスト教文明を守るとするだけの覚悟をもたないのならば、我国は敗北することだろう[5]」

大統領は、一九四一年、再選時の演説をこう締めくくっている。

「アメリカ国民として、われわれは、神の思し召しに従い、祖国のために前進していこう[6]」

アメリカでは、大統領以外にも、戦争の「神聖さ」を強調し、不干渉主義を捨てさせようとする論者が少なからず存在していた。なかでも、アイルランド出身のシェーイ神父の言説を引こう。

「イタリアのカソリック教徒に申しあげたい。あなたがたイタリア人にとって、アメリカ人ほどの友はいない。アメリカはイタリア人のことを気にかけている。ヒトラーと同盟を組むことは、スターリンと手を組むのと同じくらいよくないことだ。立ちあがれ、イタリアの友よ。神のお導き、そして国王による和平のお導きに従いなさい。イタリアは神の同盟に属しているのです」

さらに彼はこう続ける。

「私のなかに流れるアイルランドの血が、イギリスへの復讐を叫んでいる。だが、私はこう言わざるをえない。イギリスは自由のため、アメリカのため、キリスト教徒のために戦っていると(7)」

アメリカのノックス海軍長官は、一九四一年七月一日、アメリカの枢軸国への参戦を強く訴え、次のように語った。

「こうした信仰なき武力は敗北すると、ここではっきり断言しよう。そして、キリスト教文明が勝利することを約束しよう」（傍点引用者）

駐米イギリス大使リシアン卿は、死の五時間前、信仰と愛国心を簡潔なスローガンに託し、遺書のなかにこう書いている。

「ヒトラーのプロパガンダよりも、ゲーリングの攻撃よりも、山上の垂訓のほうが強く、長く残るだろう」

ここまでに挙げたのは、神が後押しし、支えてくれるという意味で、戦争の神聖さ、重要さが強調された例である。

だが、近代社会においては民主主義、「文明」、自由、市場経済といった概念も、不可侵の価値をもつものとして宗教と同様の意味をもつことが多い。ローズヴェルト大統領の演説にも、宗教観に加え、こうした価値観がうかがわれる。アメリカ人の「信念」とは、神への信仰であると同時に、こうした価値観への信念である。たとえばローズヴェルトは、「四つの基本的自由（言論の自由、信仰の自由、生活に必要なものを得る自由、安全に暮らす自由）」を繰り返し口にする。[8] これらのテーマは、アメリカのプロパガンダ・ポスターにもたびたび引用されている。[9]

とくに「民主主義」という概念は、あるゆる犠牲を払ってでも守り抜かねばならない神聖なものになった。

「民主主義の炎を消してはならない。この炎を守るためには一人一人が全力を尽くさなくてはならない。一人の人間ができることは小さいかもしれない。だが、アメリカには一億三〇〇〇万人がいる。イギリスおよびその他同盟国も合わせれば、さらに多くの者がいる。われわれは、民主主義の炎を守り、野蛮な者たちを壊滅させるため、勇気をもって戦うのだ[10]」

近年の紛争でも、伝統的な二元論が再燃した。聖なる善の民主主義が、「野卑な国家[11]」や「悪の軍隊」と戦うという図式だ。フランスの大臣ユベール・ヴェドリンヌは、二〇〇〇年六月、民主主義は宗教ではないと発言し、孤立化した。彼の発言を引こう。
「西側諸国には、民主主義を宗教だと思い込み、改宗させればそれで良しと考える、やや行き過ぎた傾向が見られる[12]」

その一方、可能な限り最優先事項として宗教の問題をもちだそうとする政治リーダーは後をたたない。

ユーゴスラヴィアの紛争でアルバニア人とセルビア人が対立したときも、セルビア人側はこれを宗教戦争とみなし、その旨を主張した。つまり、長年にわたって、イスラム（アルバニア）に虐待されつづけてきた正教会派キリスト教（セルビア）という構図だ。なかには無宗教の者もいるのだが、それでも、セルビア軍は、「三日月（イスラム教の象徴）」対「十字架」の側面を強調し、正教会派の信仰こそがセルビア人の民族的アイデンティティであるかのように主張した。正教会派の信仰は、ＮＡＴＯの攻撃に対抗するためのよりどころでもあったのだ。一九九九年春、空爆下のベオグラードでは、右派政党が製作した大きなポスターが大量に掲示された。「神は蘇《よみがえ》った（正教会派の復活祭の決まり文句）。彼ら（ＮＡＴＯ）は、爆弾を信じる。われらは神を信じる」という宗教スローガンをかかげ、東欧の伝統的な装飾をほどこしたイースター・エッグと爆弾の写真を対比させたものだ。

NATO軍のコソヴォ駐留後にも、セルビア人側の被害をまとめた写真集が、二〇〇〇年、ベオグラードで発行された[13]。なかには、アルバニア人によって破壊されたコソヴォの正教会派修道院や教会の様子が多数おさめられている[14]。セルビア人は、聖像破壊者に対立するキリスト教国の連帯を期待したのだが、この思惑は正教会派キリスト教を信仰する国々にしか通じなかった。同じキリスト教でも、カソリックやプロテスタントの西側諸国は、政治的な側面に比べ、宗教面に重きをおこうとはしなかったのだ。

ニューヨークの大司教や、フランス教会福祉委員会は、プロテスタント教会と同様、NATOの空爆に疑問を示したり、「徹底して反対」を表明するなどの批判的な立場をとった。だが、プラハの大司教、フランス司教正義・平和評議会代表[15]は、NATOのユーゴスラヴィア攻撃を全面的に支持したのだ。

また、正教会派が主流の国々（ロシア、ルーマニア、ギリシャ、ブルガリアなど）は、ユーゴスラヴィア内戦を「イスラム勢力」に対する新たな戦争としてとらえていた。西側諸国がキリスト教に対立するイスラム勢力を支援するのは、これらの国にとって侮辱的なことなのである。ロシアの正教会派司祭は、同じ正教会派の兄弟であるセルビア人のために連帯支援を呼びかけた[16]。ギリシャは、NATOの決定に対し最後まで抵抗を見せた。

だが、キリスト教系のＮＡＴＯ加盟国では、セルビア人の主張する宗教色をできる限り表面化させまいとしていたのである。

彼らは、ＮＡＴＯが助けようとしているアルバニア人の多くがイスラム教徒であるという事実（これはチェチェン対ロシアのときも同じだ）を意識的に「忘れようと」していた。[17]やむをえず宗教の話題に触れるときは、コソヴォのアルバニア系イスラム教徒は、穏便、寛容、協調的、つまりは「ヨーロッパ系」イスラムだと説明した。[18]そして、別の話題、たとえば、反民主主義的制度に介入することの聖なる意味などに話をすり替えてきたのだ。戦争の宗教性については、陣営によって意味合いが異なる。つまり、自国に有利に働くときだけ、戦争は宗教的な意味合いを帯びるのである。

10

「この正義に疑問を投げかける者は裏切り者である」

ポンソンビーがすでに指摘しているように、戦争プロパガンダに疑問を投げかける者は誰であれ、愛国心が足りないと非難される。いや、むしろ裏切り者扱いされると言ったほうがいいだろう。

ポンソンビーの指摘は、第一次大戦中にみられたいくつもの事例をふまえてのことだ。フランス財務大臣クロッツは、開戦直後、新聞報道の検閲に携わっており、「ドイツ兵に手を切り落とされた子供の話」の掲載を許可しなかったためにフィガロ紙の怒りを買った。彼の回想録から引用する。[1]

「ある晩、フィガロの校正刷りを渡された。そこには有名な学者二人が、ドイツ兵によって手を切断された一〇〇名ほどの子供をこの目で見たと断言し、みずからの署名によって証言を裏づけていた。科学に携わる学者二人が証言しているにもかかわらず、私は話の信憑性に疑問を抱き、記事の発表を許可しなかった。フィガロの編集長が抗議してきたので、私は、アメリカ大使立会いのもと、もし事実なら世界中を揺るがすだろうこの事件について調査をおこなう意向であると宣言した。だが私はその前に、この学者二人に、その子供たちを見たという正確な地名を明かすことを求めた。即刻、詳細について知らせるよう命じたのだ。その後、いつまで待っても何の回答も訪問もない」

フランス人教師マヨーは、ドイツ人の残虐性を非難する声に疑問を示し、フランス軍も大差ないことをしていると公の場でほのめかしたのを理由に、二年の禁固刑に処せられ、職を失った。[2] カイロのフランス語学校教員も、戦争に関する講演で、「憎悪をあらわにしている敵軍の残虐性について触れなかった」のを理由に公共使節団から解雇された。[3]

フランスの「戦争に関する史料・批評研究学会」は、紛争勃発における各国の責任追及を目的とした研究団体であった。この学会でも、第一次大戦参戦について議論がなされたが――反戦主義の会員がいたにもかかわらず――日和見的な結論に終わった。それでも、参戦を疑問視する声があったというだけで、この学会は警察の監視下におかれ、会合には警察協力者が同席するようになった。一九一七年、警視総監は内務省に対し、この学会の活動停止令を求め、内務省はこれを了承した。かくして、この学会は活動が禁止されてしまったのだ。

この学会の中心人物であり、本書でもたびたび著書を引用してきたジョルジュ・ドゥマルシアルは、戦争の責任はドイツだけにあるわけではないという記事を発表したのを理由に、(4)レジオンドヌール勲章評議会に召喚された。

イギリスでも戦争プロパガンダに疑問を示した者、異論を唱えた者は、歓迎されなかった。イギリスにおける反戦運動の中心となった「ユニオン・オブ・デモクラティック・コントロール」（UDC）は、郵便物、電話、会合、すべてがロンドン警視庁の監視下におかれていた。ある時、過激派たちが、彼らの集会を妨害し、垂れ幕を引きちぎり、公然と演説者に殴りかかるという事件が起きた。以来、どこも彼らに会場を提供しなくなり、UDCの代表の一人、モレルの周囲には人が集まらなくなった。実際のところ、モレルは、まったくの反戦主義者というわけではなく、「イギリスが攻撃されれば参戦は当然だが、イギリスが攻撃を受けていない現時点では参戦の必要はない」と発言しただけなのである。警察は、UDCの事務所およびモレルの自宅を強制捜査した。彼のオフィスはその後も監視下におかれた。いっさいの書類が押収され、マスコミは、彼が敵国のまわし者だと書きたてた。デイリー・スケッチ紙（一九一五年十二月一日付）は、「極悪陰謀家を逮捕」と書いた。デイリー・エクスプレス紙（一九一五年四月四日付）は、「親独ユニオンの出資者は誰だ」と追及、イヴニング・スタンダード紙（一九一七年七月七日付）は、モレルが、ドイツのスパイだと書いた。[5] その後、モレルは、収監され、強制労働に服役させられた。

第一次大戦時、アメリカでも、セオドア・ローズヴェルト大統領はこう命じた。「アメリカにおいて、直接的または間接的にでも親独的な発言をする者は、逮捕、銃殺、絞首刑、もしくは無期懲役に処すべし[6]」

実際に、アメリカの参戦に異を唱えた者は収監されたり、立場的に追いつめられ、マスコミの餌食になったりしたのだ。

第二次世界大戦でも、アメリカの参戦に反対する者は裏切り者とみなされた。フランクリン・ローズヴェルトは、参戦に反対したリンドバーグや、彼と同様の主張をした者たちを、最低の日和見主義者と非難した。[7] さらに大統領は、「共和党員の不干渉主義は、アメリカに対する最大の攻撃である[8]」と語っている。

「われわれの共同体の内部には、アメリカ人を自称しながらも、アメリカを壊そうとしている一団が存在する。敵と同様、彼らは常に、民主主義を弱体化させ、自由な人間の大義を信じる心を打ち壊すことを目標としている[9]」

そして、アメリカの欧州戦争参戦の必然性を疑う者は、愛国者と言えない、と続く。

「あなたがたは、そして私自身も、大戦に身を捧げました。ここ数年、同じ国民でありながら、我国の捧げた犠牲が無駄であったと思わせるような非国民が存在する以上、われわれは彼らに立ち向かわなければなりません[10]」

冷戦中も、反共産主義運動に加わらない者は、即刻、裏切り者扱いされた[11]。今日なお、北アイルランド、イスラエル、パレスチナ、キプロス島などでは、和平を訴える者、対立するグループと交流をもった者は、裏切り者だと非難されつづけている[12]。

戦時において、慎重に判断をおこなう者、立場を決める前に双方の言い分を聞こうとする者、公式発表の情報を疑う者は、即座に「敵のまわし者」にされてしまうのだ。

NATOのユーゴスラヴィア空爆も例外ではない。ほとんどのジャーナリストは、NATOのスポークスマン、ジェイミー・シーが、連日の「ブリーフィング」で発表する情報をそのまま報道した。だが、ルノー、ジョルジュ・ムスタキ、フランドル系の歌手アルノー[13]など一部のジャーナリストおよび文化人は、西側全体の熱狂的な雰囲気に加わることを拒否し、「アンクル・サムの庇護をうける知識人に反逆する会」[14]を結成するなど、批判的な立場をとっている。

全体の流れに逆らう行動をとったことで、彼らは、即座にアンチ西側であり、反民主主義であり、つまるところ「ミロシェヴィッチの仲間」だと非難された。

いくつかの自由討論の番組が、申し訳程度に、もしくはメディアの多様性を「保証」するために、彼らの行動をとりあげたのを除き、NATO支持派が圧倒的多数を占めるマスコミは、こぞって彼らを攻撃した。

ベルギーのル・ソワール紙、RTBF放送、イギリスのBBC放送も、空爆反対派の扱いに困惑し、こうした動きを報じようとはしなかった。

たとえばBBC放送は、アーサー・スカージルによる社会労働党の選挙用テレビ・クリップから、NATOの空爆による被害が映った場面をカットした[15]。それでも、ブレア内閣の報道官アラステア・キャンベルは、イギリスのメディア、とくにBBC放送は、NATO軍の「失策」を報じるなど、セルビア人寄りに偏った報道をおこなっていると批判している[16]。

ダニエル・シュネイデルマンは、一九九九年四月と六月、二度にわたってほぼ同じ内容の記事をル・モンド紙に寄稿、フランス人ジャーナリストの態度を批判した。彼によると、一部のフランス人ジャーナリストは、「慎重すぎる」「人の話を信じようとしない」「難民の証言をいちいちとりあげる」、つまり「NATOや政府への不信感が強すぎる」というのだ。[17]

国連人権特別報告者イジー・ディーンストビールが、国連事務局長に提出したコソヴォに関する報告書は、そのまま各加盟国に伝えられたが、これが原因でディーンストビールは、抗議の嵐に包まれることになった。彼の報告書は「平等」すぎたのだ。彼の結論はこのようなものだった。

「春に勃発したアルバニア人に対する民族浄化においては、殺戮、拷問、強奪、放火といった行為が見うけられたが、その年の秋には、セルビア人、ロマ、ボスニア人など非アルバニア系住民への民族浄化にとってかわられ、そこでも同様の残虐行為があった[18]」

さらに、この報告について、ディーンストビールは、イスマイル・カダレから厳しい批判を受けた。カダレは、ル・モンド紙（一九九九年十二月十四日付）で、彼を「被害者と虐待者を同等に扱っている」と非難した。これに対し、ディーンストビールは、同じくル・モンド紙（二〇〇〇年一月二十六日付）で、こう答えている。

「『セルビア人の犯罪』『アルバニア人の犯罪』があるわけではない。具体的な個々の犯罪者が犯罪をおこなったのであり、その犯罪者はセルビア人かもしれないし、アルバニア人かもしれない。まったく違う民族の人間かもしれない。よって、私は加害者と被害者を一緒くたにしているわけではない。私は、セルビア人加害者とアルバニア人加害者を同等に扱い、セルビア人被害者とアルバニア人被害者を同様に案じているだけだ」

ディーンストビールは、国連コソヴォ暫定統治機構、コソヴォ平和維持部隊、欧州安全保障・協力機構の介入後におこなわれた二次的な犯罪については「心情的に理解できる報復行為」であるとしてそれ以上の説明を拒み、さらにこう続ける。

「排斥、殺戮、強奪、家屋の破壊、その他の暴力的行為はすべて、武力によって追われた者の財産を狙い、権力を奪取しようと企む人間たちがおこなったことである。犯罪者とマフィアに国境はない」

ユーゴスラヴィア空爆に関する公式発表に対して、少しでも躊躇する態度を見せた者は大多数が困難な立場におかれるようになった。疑問をさしはさむ行為は、敵と手を結んだ証拠だと思われた。コソヴォのアルバニア系知識人、ヴェトン・スロイ、バトン・ハヅィウは、コソヴォ解放軍を支持する国営メディアから「裏切り者」として攻撃された。アルバニア系住民による非アルバニア系住民に対する不当行為を批判したというのがその理由である。彼らは「堕落した妾腹」で、「スラヴの悪臭漂う」奴らであり、「コソヴォが自由化しても彼らの居場所はなく」、「場合によっては、当然のことながら報復の対象となりうる」とまで言われたのだ。[19]

作家ペーター・ハントケは、一九九九年六月、ウィーン・ブルクシアターで時事的な主題の戯曲を上演した。彼は、このなかで、「事実の捏造を伴う政治の一元化」[20]に協力的な国際政治学者やジャーナリストたちの偽善的な「人間讃歌」に対して、嫌悪感をあらわにしている。この戯曲によって、彼はセルビア人を、そして「みなが嫌悪している」国を擁護したとみなされ、即座に非難の対象となった。すべてのメディアがコソヴォの苦しみを報じているなかで、セルビア人の悲しみを描いた彼の作品はブーイングを受けた。ウィーンの新聞「クリエ」、ドイツの新聞「フランクフルテール・アルゲマイネ・ツァイトゥング」は、ともにハントケの「攻撃的で偏った」態度を批判し、彼の戯曲を「くだらない文章」だと酷評した(21)。

フランスでも、「ユーゴスラヴィアの民間人を犠牲にしてまで空爆をおこなう必要があるのだろうか」という疑問を示した者は、「赤まじり」「修正主義者」、とどのつまりは「ミロシェヴィッチの手先」と呼ばれた。週刊誌「エヴェヌモン」一九九九年四月二十九日号は、「ミロシェヴィッチの手先」というタイトルで、彼らの名前を写真入りで掲載した。そこには、作家、文化人など、少数派でありながら、NATOの空爆を批判した者、疑問を示した者の名が連なる（ピエール・ブルデュー、マックス・ガロ、セルジュ・アリミ……）。さらには、歌手ルノー、ピエール神父、ガイヨ司教の名もある。エヴェヌモン誌は、他にも、「セルビアの旗振りをした」として報道機関（ル・モンド・ディプロマット誌、ユマニテ誌、ポリティス誌）や団体（MRAP、労働総同盟、共産党、平和推進団体）も名指しで非難している。

ル・モンド紙もＮＡＴＯ批判者を中傷している。「戦争にノーを言う会」が「ヨーロッパは平和を求める」として一〇万人の署名を提出、「ＮＡＴＯによる空爆の即刻中止」「恒久平和のための真の対話再開」を訴えたのに対し、一九九九年四月一日付ル・モンド紙は、この運動を支援している著名人（ピエール神父、ジル・ペロー、マックス・ガロ、アレクサドル・ジノヴィエフ、ペーター・ハントケ、ジャン＝フランソワ・カーン等）の名前に言及しなかったばかりか、「人々を困惑させる新右翼の平和アピール」と書いている。

同紙によると、一〇万人の署名者のなかには「『新右翼』と呼ばれる運動のリーダーおよび支持者が一五人ほど含まれており」、「無政府主義まがいの過激な共産主義と極右が結びついた『赤まじり』の集団だ」というのだ。

だが、フランスで最もやり玉にあげられたのはレジス・ドブレだろう。彼は、果敢にも、ユーゴスラヴィア空爆の最中に「あちら側を見に行った」のである。彼は、ル・モンド紙（一九九九年五月十三日付）およびマリアンヌ誌（一九九九年五月十七―二十三日号）にて、コソヴォにおける武力行使の最たるものは、ＮＡＴＯの空爆下、すなわち西側の介入後におこなわれたとし、地元警察と共謀し「抑制の効かない」一部分子がおこなった「報復行為」こそが最も激しく残忍なものだったと書いた。だが、ドブレは「セルビア人全体を犯罪者扱いするのは民主主義の主旨に反する」と続ける。さらに、ドブレはマリアンヌ誌掲載のコソヴォ・レポートを、「疑え」という命令形のひと言で締めくくった。

ドブレの記事がル・モンド紙に掲載されるとさっそく翌日には（つまり、反論者は、あらかじめ彼の記事を読み、反論を用意していたことになる）、ドブレへの批判が弾幕射撃のように始まった。ベルナール＝アンリ・レヴィは、「さらば、ドブレ」とドブレとの絶交を宣言した。ドブレは、みなと同じ態度をとらなかったがゆえに、マスコミの餌食になった。彼は、修正主義者、否定主義者だと、（大げさな表現で）「糾弾」された。リール第三大学助教授パトリック・カニヴェスは、ドブレが、「レイプ、強制退去、殺戮の証言に疑惑を抱き」、「実際にあった犯罪の存在を否定した」と非難し、彼のシニズムと軽薄さを批判した。ドブレは、セルビア人の主張をそのまま書き、事情もよくわからぬままに事態に介入、自分を受け入れ保護してくれたセルビア人のために大役を買って出たのだろうというのがカニヴェスの論だ（一九九九年五月十六――十七日付ル・モンド紙）。ともにパリ第三大学教授であるピエール・バイヤール、ジャン＝ルイ・フルネルは、同じく五月十六――十七日付ル・モンド紙で、ドブレは、不謹慎であり、セルビア人の残虐性を否定し、「超批判主義」による修正主義者だと責めたてた。ドブレのせいで、「実際に家を追われ、傷ついた人々は、今後、真実を話しても信じてもらえなくなってしまうだろう」と彼らは書く。また、社会科学高等学院教授アラン・ジョクセは、一九九九年五月十四日付ル・モンド紙にこう書いている。「レジス・ドブレは、自分の道を選んだ。彼はミロシェヴィッチの側についたのだ」ピエール・ジョルジュは、ドブレを「えせジャーナリスト」と攻撃し[22]、ダニエル・シュネイデルマンは、ドブレが「遠くから難民に平手打ちをくわせるような」行動をとったと非難した[23]。死刑執行人の一団が、徒党を組んで「裏切り者」を銃殺しようとするかのような勢いだ。

これまで述べたように、ひとたび戦争が始まると、もう誰も、公然と戦う理由を尋ねたり、本来の意味を「ねじまげる」ことなく和平を口にしたりすることはできなくなる。メディアは政治権力と密着した関係にあり、いざとなると本当の意味で意見の多様性を守ることはできないのである。

もちろん欧州の各国の憲法では、言論の自由が保障されており、これは戦時でも変わりない。だが、現実として、自由な発言を続けることはかくも難しいのだ。戦時には、政府に対する批判をさし控えるというのが暗黙の了解なのである。神聖なる団結という概念は今も有効なのだ。

だが、戦時に政府が判断を誤った場合、多大な損害が生じる可能性が少なくない。よって、本当は戦時にこそ、政府の誤った決定を正せるように、言論の自由が保障されるべきなのだ。

裏切り者扱いされないように、口をつぐむべきなのだろうか。国家が正しいときは従うとして、国家が誤った判断を下しているときに反対することは可能だろうか。もし無実の罪に泣く人がいたら、敵であっても弁護してやるのが正義、真実ではないだろうか。たとえ、それによって裏切り者と責められることになっても……。

ポンソンビー卿からジェイミー・シーまでの流れをふまえて

本書でとりあげたプロパガンダの法則は、たしかにこれまで実践されてきたものの、現代にはもう通用しない、今後はもう繰り返されることはないだろう、と思う読者もいるだろう。われわれは過去の人間よりも知恵がついているという意見、また、この法則の普遍性を疑う意見もあろう。だが、たとえありえないことに思えても、今後も必ず「敵への攻撃」はおこなわれるし、「善と悪の戦い」も「敵の指導者の醜悪化」も繰り返されることだろう。学者たちは、流血沙汰を支援して筆をふるうことだろう。こうして、われわれは進んでゆく。

戦争プロパガンダの法則について考えてゆくと、最後には次のような根本的な疑問にたどりつく。

●われわれは、今なお、先人たちのように情報をうのみにしてしまうだろうか。
●こうした法則は意識的に実践されたのだろうか。
●真実は重要だろうか。

●なにもかも疑うのもまた危険なことではないだろうか。

最初の質問に対しては、留保つきでイエスと答える。

まず、「イエス」の理由を説明しよう。現代人である私たちも、デマを信じてしまう点では、先人たちとまったく変わらない。イラク兵によって保育器から引きずりだされた乳児の話は、手を切断されたベルギーの子供の逸話と大差ないものだ。こうした話はわれわれの同情を引き、大衆はこれにとびついた。むしろ、昔よりもその反応は激しいものだったかもしれない。マスメディアの発達によって、情報は消費の対象になったのだ。戦争を開始し、さらに続行するためには国民の同意が必要だ。国民を説得し、同意を得るための手法は、どんどん巧妙になってゆく。一部の人間の考え[1]に反し、ひとたび戦争が始まると、メディアは、批判能力を失う。たとえ、「民主主義国家」でも、情報および映像の製作、放送に関しては画一化が著しく、政府の意図に反する映像、反対する意見はマスコミにもとりあげられない。

「われわれは善の側、しかも脅威にさらされている善の側にいる」という催眠術をすべての人間にかけようとするのは、ほとんど病的な欲求だ。誰であれ、自分が善の側にあり、悪に対してフェアな戦いを挑んでいると思い込むこと、思い込ませることは心地よい。自分が誠実であると思い込み、正当性のあるイデオロギーをつくりあげてしまう。

現代の「洗脳」技術は、かつてゲッベルスが実現できなかった集団幻想よりもさらに遠くへわれわれを導こうとしている。あるバンデシネ作家がこう言っている。[2]

「現代人は、かつてのように何でもかんでも信じてしまうわけではない。彼らは、テレビで見たことしか信じないのだ」

メディアが視聴者の信頼を濫用していることに薄々感づいている人はいるだろう。だが彼らも、自分たちが騙されているのを知りつつ、それを認めようとしないのだ。

さて、次に「イエス」に続く「但し書き」つまり、留保条件のほうだ。

前述のような状況のなかでも、「信頼」のあり方には変化がみられる。いま私たちを取り囲む世界では、懐疑主義、なかでも宗教的、軍事的、政治的権力に対する懐疑主義が非常に色濃くなってきている。メディアの信頼性についても疑いの声があがりはじめている。過去の騙された経験から、より厳しい批判精神が生まれることを願う。それが、われわれに残された希望だ。人々にマスメディアの言論を解釈する力〈メデイア・リテラシー〉を与えること。この本が目指しているのも、そこなのである。

さまざまな戦争のなかにポンソンビーの理論が見出されるのは、偶然なのだろうか、それとも、意識的に使われているのだろうか。この本を執筆中に、十二歳になる娘のベアトリスから問いかけられ、私は答えることができなかった。無邪気でありながらじつに鋭い質問である。娘は、各国のプロパガンダ担当者が、目の前に貼りだしたポンソンビーの法則にヒントを得てコンピューターにむかい、「情報」をつくりだしたり、この法則は現代には通用しないと失望したりしている姿を想像したのだろうか。こうして明快なイメージを得てみると、私たちの知らぬところで大きな陰謀が働いているのではないかという、壮大な仮説がうかびあがる。だが、コミュニケーション心理学の研究が進んでいる現代、ユーゴスラヴィア空爆時のNATO報道官が、これらの法則を知らなかったとは考えにくい。

実際、NATO報道官ジェイミー・シーは、この分野の素人ではない。彼は、「第一次世界大戦におけるフランス知識人の動向」という研究によって、オックスフォード・リンカーン・カレッジで博士号を修得している、いわばプロパガンダの専門家なのだ。(3) つまり、彼は自分が担っている役割を十二分に承知していたにちがいない。彼は、メディアというフィルターを操作し、自分たちが望むメッセージを伝えるのに有能なジャーナリストたちを選抜したのだ。

これまでの歴史のなかで、戦況を左右した「情報」が、その後あっさりと否定され、しかもその否認が何の反響も引き起こさないとなると、真実には何の価値もないのだろうかという疑問がうかぶ。

与えられた情報に不信感を抱いたところで、それが真実の発見につながるとは限らない。たしかに、その性格上、少なくとも現時点での限られた調査手段では「知ることができない」情報というのは存在する。だが、われわれが知りえないからといって、真実が存在しないわけではない。ボスニアの死者の数は果たして二〇万人だったのか、二万人だったのか。一九四五年、フランス軍によるセティフの大虐殺で死亡したアルジェリア人は、いったい一五〇〇人だったのか、四万五〇〇〇人だったのか。

コソヴォにおけるセルビア人の推定死亡者数は、二五〇〇人から五〇万人まで大きなばらつきが見られるが、個々のデータについて、嘘であるとか、主観的なものであるとか、そういったことを言いたいのではない。ただ、奇妙なことに、人々が、まだ詳しい状況がわからず、一〇万人ぐらいではないかと案じているうちに、早々と犠牲者の数を発表した者に限って、その後、調査にもとづいた数字が発表される段になると、こんな数字には意味がない、興味がないと言い捨てるのだ。

二つの数字を見比べ、中をとって平均値を出せばいいと考えるのは、よほどのお人よしということになろう。「なにごともほどほどに」などという日和見的教訓は、歴史的事実には通用しないのだ。

たしかに、片側だけが一方的に嘘をつき、戦うつもりなどなかった側が一方的に攻撃される場合だってあるだろう。だが、どちらが加害者で、どちらが被害者であるかを見定めることが非常に難しいケースも多い。

真実がわかれば、実際に何が変わるだろうか。たとえ高潔な嘘であっても、嘘は嘘だ。真実がわかれば、認識が変わる。もし、本当に真実などどうでもいいのなら、もし、戦争を始めるために、続けるために、国民を説得するうえで、真実も嘘も関係ないというのなら、どうして、あれほど熱心にデマをつくりあげようとする人がいるのだろう。

さて、四つ目の疑問、懐疑主義の危険性について考えると、結局、相対主義の危険性について語ることになる。彼らはみな同じ言葉を口にし、同じ理論を語るが、すべてひとまとめに論じていいのだろうか。

情報伝達にたずさわる者の多くは嘘をついていることがわかった。それでも、なお、自分たちは違うと思いたい。自分たちだけは本当に民主主義者で、愛他主義者（しかも、そこらの自称愛他主義者とは違う本物の愛他主義者）で、人権擁護者である。自分たちだけは例外であり、他の者たちとは違う。嘘はつかない。少なくも今度は嘘じゃない。

もう嘘はつかない。今度こそは、本当に正当な理由があっての戦いなのだ……。

だが、実際のところ、悪党たちは、心ある者を説得するために聞こえのよい言葉を並べる。つまり、愛他主義に訴えるのは、モラルをくすぐる普遍的な法則なのだ。三流企業が、消費者の期待に応えるような理想主義的で高潔な謳い文句を使って、いかにも優良企業であるかのようにみせかけるのと同じなのだ。

決まり文句（たとえば虐待された民族を救済するなど）の裏には、言葉とはほど遠い事実が隠されている。もちろん実際にあった迫害を口実にするのと、ありもしない迫害をでっちあげるのとは話が違う。虐殺をプロパガンダに利用したからといって、その虐殺そのものが嘘だったというわけではない。だが、言葉だけを根拠に事実を突きとめることは容易ではない。

超批判主義の危険性については、当然、慎重を期すあまり、何の行動もとることができないという事態が考えられる。しかも、緊急を要する場合でも行動にブレーキをかけてしまうという危険だ。ジョエル・コーテックは、第二次大戦時、英米人は非常に懐疑的になり、ナチによる収容所での蛮行をなかなか信じようとはしなかったと指摘している。彼によると、これは第一次大戦時、ドイツ軍についてのイギリスのプロパガンダがあまりにも行き過ぎだったからだという(4)。

多くの場合、人々は、敵陣に懐疑主義があるのを喜び、自分の陣営ではそれを歓迎しない。だが、超批判主義を通せば——たとえ、否定主義のような嘆かわしい愚直さに行き着こうが——良心を殺すことにはならない。行き過ぎた懐疑主義が危険であるとしても、盲目的な信頼に比べれば、悲劇的な結果につながる可能性は低いと私は考える。メディアは日常的にわれわれを取り囲み、ひとたび国際紛争や、イデオロギーの対立、社会的な対立が起こると、戦いに賛同させようと家庭のなかまで迫ってくる。こうした毒に対しては、とりあえず何もかも疑ってみるのが一番だろう。

国内に社会的な対立がある場合にも、ポンソンビーの指摘した第三の法則（敵のリーダーは悪魔のような人間だ）を使って、人々の賛同を得ようとするケースが多い。たとえば経営者寄りの労働組合から離脱して新しい組合をつくろうとするリーダーは、経営陣側によって残忍な怪物に仕立てあげられる。メディアは、彼らのことを挑発者、煽動者、首謀者、ほらふき、不届き者、グル、悪党、犯罪者、陰謀家、テロリストと罵る。さらには、好ましからざる形容詞を付け加える——「偏狭な」「粗野な」「横暴な」「暴力的」「横柄な」「無責任な」……。[5]

疑うのがわれわれの役目だ。武力戦のときも、冷戦のときも、漠とした対立が続くときも。

訳者あとがき

人生を変える書物というほどではないにしても、物の見方を変えてしまう本がある。本書は、訳者にとって、まさにそういう本であった。この本を一読して以来、テレビのニュースを見ていても、新聞を読んでいても、ふと思うのだ。ああ、これも、ポンソンビーの指摘していた「あれ」ではないかと。

本書は、二〇〇一年に刊行された原書初版を底本とし、二〇〇二年に刊行された邦訳（単行本）を文庫化したものである。最初にこの本を訳したのは、二〇〇一年の冬だった。アメリカを襲った同時多発テロのショックが冷めやらず、国際政治に緊張感のあった時期だ。あれから一三年、変わったこともあれば、変わらないこともある。

いちばん大きな変化は何といってもインターネットの普及だろう。それまでは、政府の公式見解、いわば「大本営発表」が大手新聞社、テレビ局によって伝えられ、「プロパガンダ」の中心を担ってきた。だが、インターネットの普及によって、私たちは、さらに多様な情報に触れることができるようになった。自由な情報交換が可能になった。建前の裏にある「本音」を知ることもできるようになった。市民は、ついに、プロパガンダに対抗する手段を手に入れたのである。

だが、その一方、こうした情報は匿名性が高く、内容的にも玉石混交であり、デマに振り回される危険も拡大した。当然のことながら、インターネットを利用した「プロパガンダ」もまた誕生する。本書に挙げた「10の法則」は、ネットの世界にはびこる誹謗中傷や、誘導、洗脳の手口にも当てはまるものなのだ。

確かに、インターネットという新しい道具の誕生は、情報戦略を大きく変え、多様化、複雑化した。しかし、そこで使われる論法、心理的な戦術、プロパガンダの手法は、驚くほど変化していない。何しろ、これらの心理戦は、新聞、ラジオ、映画、テレビと媒体が進化したところで、第一次世界大戦の時から（一部はそれ以前からも）繰り返されてきたものなのだ。

二つの世界大戦やユーゴスラビア紛争など、過去の戦争の例を挙げ、戦争プロパガンダと言われても、ぴんことない読者もいるかもしれない。だが、著者のモレリが書いているように、戦争プロパガンダは「戦時中」だけではなく、「開戦前」から始まっているのだ。その意味で、私たちもまた戦争プロパガンダとは無縁だとは言いきれない。

実際、たとえ戦争でなくても、ふたつの陣営が対立するとき、手さぐりで話し合いや交渉を模索する人々をあざ笑うかのように、対立を煽るような言説が必ずと言っていいほど出てくる。基地問題や原発の是非、国内の政治の場でも、いやもっと身近な争いでも、私たちはすでにそんなケースをいくつも見てきているはずだ。

いつの時代もひとは、憎悪を掻き立てられ、正義に奮い立ち、弱者に同情する。それはいかにも「人間らしい」感情の動きであり、文化を支える情熱ともなる。プロパガンダにまったく心を動かされない人間がいるとすれば、よほどの冷血漢か、利己主義者だろう。感情を責めるつもりはない。だが、人間らしい心を失うことなく、そこに流されない。そんな姿勢が必要なのだ。『熱い心と、冷たい頭をもて』と言ったのは、イギリスの経済学者、アルフレッド・マーシャルだが、情報の海で溺れそうになったとき、感情に流されそうになったとき、本書がふと足を止め考えるためのヒントになれば、訳者として嬉しい限りである。

文庫化にあたっては、訳文に少々手を入れた。なお、本書の一部には、現在の観点から見て、差別的とされる表現があるが、本書の性格上、歴史的事実や時代性を示すものとして、あえて残さざるを得なかったことをお断りしておく。

最後に、単行本刊行時に助けて下さった方々、そして今回、文庫化の機会を与えて下さった草思社、藤田博編集部長にあらためて感謝申し上げます。

永田　千奈

二〇一四年十二月

原註

ポンソンビー卿に学ぶ

（1）この本には二種類の版が存在する。初版『証人――一九一五―一九二八年フランスにおける軍人の記憶に関する分析と批判』（*Témoins. Essai d'analyse et de critique des souvenirs des combattants édités en français de 1915 à 1928*）は、一九二九年刊行、全七二七ページの大書であった。一九三〇年には、ガリマール社から文庫版『証言』（*Du témoignage*）が発刊され、賛否両論の大論争を呼んだ。ノートン＝クリュの著書は、一九九九年末、ブリュッセル軍隊博物館でおこなわれたシンポジウムでもとりあげられた。

（2）『戦時の嘘』（*Falsehood in Wartime*）は、Allen and Unwin出版より一九二八年に刊行。ポンソンビーの批判は、みずからが事情に精通していた連合国側に集中しており、ドイツに対して批判的な部分は少なかった。フランス語版は一九四一年にブリュッセルで出版されたが、長年にわたり、英仏を批判する親独派の書物だと誤解されていた（日本語訳『戦時の嘘』東晃社、一九四二年刊）。

（3）モレルは、逮捕され、六カ月間の労役に服した。

（4）Georges Demartial, *La guerre de 1914. Comment on mobilisa les consciences*, UDC,

Éditions des Cahiers internationaux, Rome-Paris-Genève, 1922.

（5）ポンソンビーの経歴については、Harold Josephson, *Biographical Dictionary of modern peace leaders*, Greenwood Press, Londres, 1985, 760ページ以降を参照のこと。

第1章「われわれは戦争をしたくはない」

（1）Gordon Beckles, *America Chooses! in the Words of President Roosevelt*（*June 1940-June 1941*）, Harrap, Londres, 1941, p. 23. 参照。

（2）フランス外交白書一九三八―一九三九（*Le Livre jaune français. Documents diplomatiques 1938-1939, pièces relatives aux événements et aux négociations qui ont précédé l'ouverture des hostilités entre l'Allemagne d' une part, la Pologne, la Grande-Bretagne et la France d'autre part*）

（3）駐独フランス大使クーロンドルよりフランス外相ジョルジュ・ボネに宛てた一九三八年十一月二十三日付書簡。フランス外交白書（前掲）38ページ。この時点では、ヒトラーも、中央ヨーロッパ進出のため、フランスを懐柔しようとしていた。

（4）駐仏ドイツ大使よりフランス外相ジョルジュ・ボネに宛てた一九三九年三月十五日付書簡。フランス外交白書（前掲）89ページ。

（5）駐独フランス代理大使よりフランス外相ジョルジュ・ボネに宛てた一九三九年四月六日

付書簡。フランス外交白書（前掲）126ページ。
（6）駐独フランス大使がサン・アルドゥーインよりフランス外相ジョルジュ・ボネに宛てた一九三九年八月十日付書簡。フランス外交白書（前掲）264ページ。
（7）フランス外交白書（前掲）416ページ。実際のところ、彼は何としてでも開戦を先送りしようとしていた。その主な理由は、フランスが軍備の点で準備不足と思われたからである。

第2章「しかし敵側が一方的に戦争を望んだ」

（1）ルイジ・ストゥルツォは、イタリア人の反ファシスト派司祭であり、『国際共同体と戦争法』の著者でもある。彼の著書は、英語版が一九二九年、フランス語版が一九三一年、イタリア語版（*La comunità internazionale e il diritto di guerra*, Zanichelli, Bologne）は一九五四年に出版されている。
（2）Demartial前掲書38ページ。
（3）同右、39ページ。
（4）Pierre Monniot, *Les États-Unis et la neutralité de 1939 à 1941, Paris, 1946*, pp. 6-7参照。ウィルソン大統領は、孤立政策をかかげて当選したが、ルシタニア号およびアラビック号が魚雷攻撃を受けたことを口実に欧州戦争への介入を決めた。アメリカの事業および経済にとって多くの利益が期待されたからである。

(5) 一九一九年六月二十八日に締結されたヴェルサイユ条約の条文については、Louis Le Fur & Georges Chklaver, *Recueil de textes de droit international public*, Paris, 1934, 297ページ以降を参照。

(6) 一九二五年十月十六日に締結されたロカルノ条約の条文については、Louis Le Fur & Georges Chklaver前掲書879—880ページを参照。同書には、フランス・ポーランド間の相互保障条約も掲載されている。第一条には、武力による介入があった場合、協力支援をおこなうとあり、第四条（880ページ）には、この条約の有効性については、同日に締結されたロカルノ条約の有効性に準じるとある。

(7) 一九九〇年代に入り、チェコとスロヴァキアの分裂が決定的になったことで、ドイツはようやく持論の正当性が立証されたことになる。

(8) 駐英フランス大使が自国に送った一九三九年八月三十日付文書。フランス外交白書（前掲）355ページ。

(9) ドイツ外相リッベントロップが、スロヴァキア首相ティソに送った一九三九年四月五日付の通告。フランス外交白書（前掲）126ページ。

(10) ヒトラーの演説については、Pierre Monniotの前掲書355ページより引用。

(11) Gérard Chalian & Jean-Pierre Rageau, *Atlas stratégique-géopolitique des rapports de force dans le monde*, Éd. Complexe, 1988, pp. 12, 44参照。

(12) パリマッチ誌二〇〇〇年七月二十日号103—107ページ。ピエール・ルルーシュ「二十一世紀の脅威——核兵器の次は生物兵器と化学兵器だ。ロシア・レポート。マッド・サイエンティストのバイオ戦争」

(13) 一九九九年十一月三十日ブリュッセル自由大学政治科学セミナー「ベルギーの政治・行政に関する質疑応答」

(14) フランス国憲法第三五条には以下のように明記されている。「宣戦は、国会によって承認される」

(15) 空爆開始の二週間前、緑の党ヨシュカ・フィシャーの署名したドイツ外務省公式文書には、以下のような記述がある。「アルバニア人全体を対象とした民族的な虐殺がおこなわれているわけではない。ただ、二つの武装勢力の間で対立があるだけである」

(16) 二〇〇〇年八月二日付ル・ソワール紙。ジャン＝ポール・コレット署名記事「イラクのクウェート侵攻、犯罪的行為から十年」

(17) ランブイエ会議での調停案を読めば、ミロシェヴィッチが同意しなかった理由は明らかである（だが、この調停案の文面は、開戦後にようやく公開された）。とくに、NATOによる軍事占領は、ユーゴスラヴィアにとって受け入れがたいものであった。

第3章「敵の指導者《リーダー》は悪魔のような人間だ」

（1）一九一三年、ベルギーのエリザベート女王がシャルル王子の旧領地で撮った記念写真には、ベルギーの砂丘を背に、オーストリア皇太子フランツ・フェルディナントとアルベール・ベルギー国王が仲良く並んで写っている。

（2）ポンソンビーの引用。

（3）ドイツ皇帝に対するイギリスの評価が豹変したことを示す事例は、ポンソンビーの著作から引用した。アメリカを出航したイギリスの客船ルシタニア号は、アイルランド沖でドイツの攻撃を受け沈没、アメリカ人を含む多くの乗客が命を落とした。連合国側は、同船が民間船であると主張していたが、戦時の準巡洋艦として登録されており、一般乗客に加え、四七〇〇ケースの弾薬を運搬中だったことが後に明らかになった。つまり、ドイツがこの船を攻撃したのは海賊行為ではなかった。連合国側は、一般乗客を「盾」として利用したのだ。

（4）ヴェルサイユ条約の条文については、Louis Le Fur & Georges Chklaver前掲書297ページ以降を参照。

（5）一九九五年十二月十四日、ツジマン（クロアチア大統領）、イゼトベコヴィッチ（ボスニア・ヘルツェゴヴィナ代表）によってパリで署名された協定。

（6）西欧側の認識と大きく異なり、これらの演説や文書は、民族間の内紛を乗り越えたことを賞賛し、多民族国家を成立させたユーゴスラヴィア国家を褒め称えるものだったことを知れば、多くの人が驚くことだろう。

(7) ミロシェヴィッチの妻の幼少時代には、他にも、両親のことで暗い影を落としただろう出来事があった。彼女の母親は、共産党系のレジスタンス運動員であり、ナチ支持者に拷問のすえ処刑された。

(8) 一九九九年三月二十七日付ル・モンド紙「コソヴォ、最悪のシナリオ」。ピエール・アスネは、国際研究センター(CERI)指導教授。

(9) ル・ヴィフ＝レクスプレス誌二〇〇〇年五月四日号、ヴァンサン・ユジューの署名記事「ムガベの脅威」

第4章「われわれは領土や覇権のためではなく、偉大な使命のために戦う」

(1) ただし、NATOのユーゴスラヴィア空爆時におけるフランスのように、憲法によって定められた「正式な手続き」をふまない例外的なケースも存在するのは事実だ。

(2) 第一次世界大戦時、連合国側はアメリカ合衆国から一一〇億ドルの融資を受けた。当然のことながら、戦争終結後、アメリカはその返済を要求する。奇妙なことに、連合国が敗戦国ドイツに要求した賠償金は、アメリカへの返済予定額とまったく同額なのだ。

(3) 同条約第七条(第一、三、四項)および第八条(第二項)。第一条には、署名国(すなわちチェコスロヴァキア)は、国内法およびいかなる規則もこれらの保障を妨げないことを誓うとある。一九一九年九月十日にオーストリアに対して締結されたサンジェルマン条約の条文については、Louis Le Fur & Georges Chklaver 共著の前掲書537ページ以降を参照。また、同書345—348ページに収録されたヴェルサイユ条約第八一条から第八六条にかけてもチェコスロヴァキアについての記載があり、チェコスロヴァキアのドイツ系住民には、ドイツ国籍の保持を認めず、従わなかった場合には国外追放に処すとある。

（4）とくに顕著なのが、行政、司法、商業における言語の使用を定めた一九二〇年二月二十日法、一九二三年三月二十三日法である。

（5）ダンツィヒについては、ポーランドの穀物輸出のためにどうしても必要な港であると主張されたが、これは例外的なケースである。

（6）第二次世界大戦時のプロパガンダに隠蔽された戦争の経済効果については、Jacques Pauwels, *De mythe van de "goede oorlog"—Amerika en de Tweede Wereldoorlog*, EPO, Berchem, 2000にいくつかの例が挙げられている。

（7）Pierre Monniot前掲書116—121ページ参照。

（8）アメリカの耐用年数を過ぎた駆逐艦五〇隻をイギリスに「譲渡」する取り決めは一九四〇年八月の会議で作成されたにもかかわらず、九月三日まで公にされなかった（前掲*America Chooses!* pp. 28-29）。

（9）借款契約については、Edward Reilly Stettinius, *Le prêt-bail, arme de la victoire : origine et développement de la loi de prêt-location*, Éditions Transatlantiques, New York, 1944を参照。

（10）だが、アルバニア系コソヴォ解放軍のように、ヘロイン取引きに関わっていたのが自陣営の関係国となれば、些細な過ちとしてあっさり許されてしまう（一九九九年四月四—五日付ル・モンド紙、エリック・アンシアン署名記事「アルバニア系麻薬組織。コソヴォ解放軍に対するベオグラードのプロパガンダ、その真実」参照）。

（11）イジー・ディーンストビールによると、およそ三〇万人のセルビア人とロマが、「戦争終結後に」各地で強制的に退去させられたという。

（12）ユーゴスラヴィアの経済は、公営企業と民間企業が混在し、早くから民間資本に開かれてはいた。

（13）一九九九年四月十三日付ワシントン・ポスト紙。Michel Collon, *Monopoly-L' Otan à la conquête du monde*, EPO, 1999, p. 92より引用。

（14）一九九九年五月二日、日曜日、フランス2の番組「アルジャン・ピュブリック」での発言。Serge Halimi, *L'Opinion ça se travaille*, p. 68より引用。

（15）一九九九年七月二十日付ル・モンド紙「大宇が、ザスタヴァの工場跡に興味」

（16）*Le monde comme il va, vision de Babouc. œuvres complètes de Voltaire*, Tome 8, Paris, 1876, p. 317.（邦訳、ヴォルテール『浮世のすがた』岩波文庫）

第5章 「われわれも意図せざる犠牲を出すことがある。だが敵はわざと残虐行為におよんでいる」

（1）John Horne,《*Les mains coupées* : “*Atrocités allemandes*” *et opinion française en 1914*》, in *Guerres et cultures, 1914-1918*, Éditions J.J. Becker et al., Paris, Armand Colin, 1994, pp. 133-146参照。同書には、Alan Kramerの論文《*Les atrocités allemandes: mythologie populaire, propagande et manipulations dans l'armée allemande*》も収録されている。

（2）*Tragedy of Lord Kitchener*（circa 1920）, Georges Demartial前掲書58ページ。

（3）Suzanne Tassier, *La Belgique et l'entrée en guerre des États-Unis, 1914-1917*, La Renaissance du Livre, Bruxelles, 1951.

（4）当時のポスターを見ると、小麦粉や脱脂粉乳を積んだ船と、船の到着を待ちわびる子供の姿が描かれている。また、突起のついたヘルメット（プロシア軍の象徴）をかぶった兵士に連れていかれる少女の絵もある。いずれも、アメリカの四回目の借款を宣伝するために製作されたもの。

（5）Francesco Nitti, *Scritti politici*, vol. VI, *Rivelazioni*, Bari, 1963.

（6）一例として、一九一四年十二月十日のジャーナル紙では、このような話をひとつにまとめ、ドイツ兵は、乳児の首を掻き切って殺した後、哺乳瓶をくわえ、仲間と笑いあいながら去っていったとされている。

（7）Demartialは、引用の典拠として、オーストリア外務省が一九一五年に刊行した証言集、ストゥプナーゲル将校の著書、北ドイツについては、リヒャルト・ワグナー協会の出した「黒書」をあげている。

(8) このビラの複写が、Robert Boucard, *Les secrets du G.Q.G.*, les Éditions de France, Paris, 1936, p.172に収録されている。

(9) マダム・ウェベールのケースについては、一九一四年十月十五日付ル・マタン紙に記事あり。

(10) ラ・ヴァーグ誌一九二〇年十一月十八日号。

(11) この収容所で死んだ女性、子供の数は二万人以上と言われ、死亡率はじつに五〇パーセントを超える。

(12) 蹄鉄計画と命名されたこの計画は、現在、その存在自体が疑わしいとされている。

(13) 一九九九年三月二十八日、四月二日、ル・ソワール紙。同紙は、リーダーの一人イブラハム・ルゴヴァの家が焼かれ、ルゴヴァ本人は身を隠していると報道した。また、彼の参謀であるフェヒミ・アガニおよび五人のアルバニア人スタッフがセルビア軍によって暗殺されたと報じたが、数日後このニュースは否認された。

(14) 法医学者の報告によると、すべての死体は遠方から銃弾を受けて死亡しており、当初「機関銃掃射」の傷と見られたのは、埋葬前に野良犬に荒らされた跡だということがわかった。フィンランド人専門家の最終的な結論も、これが民間人の殺戮であるという見方を否定した。だが、ル・ヴィフ＝レクスプレス誌は、コソヴォ紛争特集号（二〇〇一年一月十九―二十五日号、ヴァンサン・ユジュー署名記事）で、こうした結論を無視し、武装勢力による民間人虐殺として記述、サラエヴォの市場で売られているセルビア軍の爆弾について語っている。

(15) 二〇〇〇年十一月二十二日付ル・ソワール紙は、八〇〇カ所の死体置き場で四〇〇〇人の死体を発見と報じた。一カ所につき五人の死体があった勘定になる。

(16) ハーグの国際刑事裁判所付報道官ポール・リスレイが二〇〇〇年八月に宣言したところによると、最終的な被害者の数は二〇〇〇人から三〇〇〇人の間とのことだ（二〇〇〇年八月十八日付ガーディアン紙、八月十九日付ル・モンド紙、十一月二十二日付ル・ソワール紙）。空爆開始当初に発表された数字はこれを上回るものだった。疑問は残るものの、公式な数字が発表されたことで、失望したプロパガンダ担当者の側からは、さらに空論をふりまわす者があらわれた。数字に差が出たのは、トレプチャで焼却された死体の分だというのだ。欧州安全協力機構は、ホロコースト再来を思わせるこうした仮説をはっきりと否定している。欧州安全協力機構では、フランス人科学者とともに、高性能機器を用いて調査をおこなったが、残された灰から人間の痕跡は発見できなかったという。だが、こうした疑惑は、その後も何度か浮上し、とくに二〇〇一年一月、ミロシェヴィッチ引渡しを求め、新大統領コシュトゥニカに圧力をかけるときにも、こうした疑惑が強調された。

(17) 欧州安全協会機構のレポート（複数存在）を参照のこと。一九九〇―九六年欧州議会で緑の党の広報担当をつとめたダイアナ・ジョンストンは、これらのレポートの研究報告を「バルカン・インフォ」四二号（二〇〇〇年三月発行）に発表している。コソヴォの現場にいた唯一の西欧側ジャーナリスト、ロサンゼルス・タイムズ紙のカナダ人特派員であるポール・ワトソンの証言も参考になる（初出一九九九年六月二十三日付インターナショナル・ヘラルド・トリビューン紙、再録一九九九年六月二十六日付ル・モンド紙）。ポール・ワトソンによると、アルバニア系住民救済を目的としたNATOの空爆は、内戦を激化させ、セルビア人による、もっとも身近に存在し、もっとも無防備なアルバニア系住民への報復を生む結果となったという。

(18) ヌーヴェル・オブゼルヴァトゥール誌一九九九年七月一日号。Serge Halimi前掲書21―22ページ。

(19)「ブリルズ・コンテンツ」一九九九年十月号掲載のナンシー・ダラムの談話。

(20) 人権保護団体「ヒューマン・ライツ・ウォッチ」は、NATOのユーゴスラヴィア空爆により死亡した民間人の数をおよそ五〇〇人と見積もっている（二〇〇〇年二月十日付ル・モンド紙）。だが、ユーゴスラヴィア政府の発表では五〇〇〇人となっている。

(21) Serge Halimi & Dominique Vidal, *L'opinion ça se travaille, Les médias, l'Otan et la guerre du Kosovo*, Agone Éditeur, Marseille, 2000, p. 72参照。

(22) フランス・アンテール一九九九年四月十六日放送。Serge Halimi & Dominique Vidal 前掲書75ページ。

（23）とくに、ニシュの病院で空襲を受けて下肢を切断された看護婦、自分の目の前でNATOの爆弾によって伯父、祖父、愛犬を殺されたセルビア人少年の話は記憶に新しい。
（24）欧州NATO軍最高司令官クラークが、一九九九年四月マスコミにこの失策を説明する際に用いたこれらの映像は、通常の三倍の速さで再生された（二〇〇〇年一月八日付ル・モンド紙）。この「事故」は一四人の死者を出している。
（25）コソヴォの国連人権特別報告者イジー・ディーンストビールは、ハヴェル大統領のもとでチェコの外務大臣をつとめた。NATOによるコソヴォ占拠は、現地に存在する人道的問題を解決するどころか、複雑化させただけだというのが彼の結論である。
（26）一九九九年五月二十一日付。
（27）*NATO crimes in Yugoslavia-Documentary Evidence*, vol. I, May 1999（三月二十四日から五月二十四日分）, vol. II, July 1999（四月二十五日から六月十日分）。
（28）*Days of Terror in Presence of the International Forces.*
（29）二〇〇〇年八月三十日付ル・ソワール紙。

第6章「敵は卑劣な兵器や戦略を用いている」

（1）戦時の潜水艦および窒息性ガスの使用に関する一九二二年二月六日条約。条文については、Louis Le Fur & Georges Chklaverの前掲書、711ページ以降を参照のこと。

（2）フランス外交白書（前掲）414―415ページ。

（3）日本でも、第二次世界大戦前および戦中に、広島県大久野島で、何千トンにもおよぶ毒ガスが製造されていた。これらのガスは中国で使用された。

（4）*America Chooses!*（前掲）129―132ページ。

（5）この点については、一九九五年モンで開かれた学会「ヒロシマ・サンザムール」（愛のなきヒロシマ。デュラスの小説『ヒロシマわが愛《モナムール》』のもじり）でもとりあげられた。この学会の内容については、雑誌「ソシアリスム」二五二号に再録（一九九五年十一―十二月号301―374ページ）。

（6）この仮説は、中国や北朝鮮に関する限り、現実味が感じられない。

（7）「ヒューマン・ライツ・ウォッチ」が、現地調査にもとづき、二〇〇〇年初頭に発表したレポートは、NATOのユーゴスラヴィア空爆による民間人死亡者は少なくとも五〇〇人と推定したうえで、クラスター爆弾の使用を問題にしている。同団体は、不当に国民の被害を増大させるような武器を使用したことにより、NATO軍の攻撃は国際法に違反する行為だったと結論している（二〇〇〇年二月十日付ル・モンド紙、ジャック・イスナル）。

（8）NATO事務局長ジョージ・ロバートソンより国連に宛てた書簡。二〇〇〇年三月二十四日付ル・モンド紙に再録。

第7章「われわれの受けた被害は小さく、敵に与えた被害は甚大」

（1）Demartial 前掲書300ページ。
（2）戦闘の一週間後、一九一四年九月八日付モーリス・バレスの文章。Demartial 前掲書139ページ。
（3）ニューズウィーク誌二〇〇〇年五月七日号掲載のレポート。同誌五月十五日号、ル・モンド紙五月十二日付も参照のこと。コーレイ将軍に提出された第二のレポートも、最初に発表された数字を肯定するものだったが、クラーク司令官の補佐官であるルパート・スミス（イギリス）、参謀長ディエタール・ストックマン（ドイツ）は、クラーク司令官に対して、このレポートはあくまで便宜的なものであり、信頼に足るものではないと進言したようだ。
（4）詳細については、フライト・インターナショナル誌に掲載されている。二〇〇〇年九月十七―十八日付ル・モンド紙に要約再録。
（5）この数字は、ユーゴスラヴィア連邦共和国軍参謀長オイダニッチ・ドラゴリュブが、一九九九年六月十五日に発表したもの。「バルカン・インフォ」四一号（二〇〇〇年二月発行）4ページ参照。

第8章「芸術家や知識人も正義の戦いを支持している」

（1）イリュストラシオン誌の掲載記事より。とくに一九一五年十二月二十四日号、一九一七年十一月三日号。Demartial 前掲書161―162ページを参照。
(2) Gustave Dupin編纂 *Collier de Bellone* 参照。Demartial 前掲書より。
(3) John Horne 前掲書134ページ。
(4) 一九一五年五月二日サンデー・クロニクル紙。ポンソンビー前掲書より。
(5) その腕はひねくれたまま彎曲す。

両手でもちてもその剣を
掲げることすらあたわずに
名前ばかりの皇帝よ。

Émile Verhaeren, *Les ailes rouges de la Guerre*, Paris, Mercure de France, 1916,p. 84.
(6) 同右195―201ページ。
(7) 詩集*La Belgique sanglante* 所収。
(8) アーサー・ポンソンビー前掲書より引用。
(9) Anne Morelli,《La guerre de 1914-1918 et l' art religieux en Belgique》, in *Facettes du christianisme, études offertes au Professeur Jean Hadot*, s.l.n.d. (Bruxelles 1985), pp. 101-120.
(10) John Horne 前掲書135ページ。
(11) Georges Demartial 前掲書137―138ページ。
(12) Christophe Prochasson, *Les intellectuels, le socialisme et la guerre* (*1900-1938*), Seuil,

Paris, 1933, p. 114.
(13) 同右。
(14) 同右115―117ページ。Martha Hanna, *The Mobilization of Intellect French Scholars and Writers during the Great War*, Harvard University Press,1996.マルタ・ハンナは、こうした「一致団結」の矛盾を分析し、とくに、左翼から支持され、右翼から嫌悪されていたカントについて詳しく論じている。
(15) 一九一五年、アシェット社より刊行。
(16) 参加者全員の名前については、Christophe Prochasson前掲書294―295ページ参照。
(17) Christophe Prochasson前掲書の序文(9ページ)。
(18) Georges Demartial 前掲書11、85、159、239ページ。
(19) *Clérambaut, Histoire d'une conscience libre pendant la guerre*, Albin Michel, 1920, p. 87.
(20) 同右87―88ページ。
(21) パリ解放時に、親独派だったのではないかと疑われた者もいる。
(22) 一九四一年十二月八日の国会演説など。
(23) ポスター「アメリカは、常に自由のために戦う」(Jacques Pauwels前掲書113ページに収録)。一七七八年の独立戦争と一九四三年の第二次世界大戦の戦士をだぶらせた構図により、正義のためにかけつける軍隊を印象づけるもの。

（24）ポスター「アメリカが戦う理由」（Jacques Pauwels前掲書114ページ）。

（25）これらの資料の紹介・分析については*Guerres et propagande ou comment armer les esprits*, Crédit Communal, Bruxelles, 1983を参照のこと。

（26）ヴィクトル・ウビノンとジャン＝ミシェル・シャルリエの作品。

（27）*Ciel de Corée*（コリアの空）、*Avions sans pilotes*（パイロットのいない飛行機）。

（28）エチエンヌ・ルラリック作。

（29）二〇〇〇年に刊行されたこの作品は、故人エドガー・ジャコブの遺作ではなく、後継者であるイヴ・サントとアンドレ・ジュリアールによるもの。アヴァンセ誌二〇〇〇年七・八月号38—39ページには、この作品のイデオロギーについての分析が掲載された。

（30）反共産主義プロパガンダについては、Pascal Delwit & José Gotovitch編、*La peur du rouge*, Éditions de l'Université de Bruxelles, 1996を参照。

（31）ベルナール＝アンリ・レヴィ、ダニエル・シュネイデルマン、パトリック・カニヴェス（リール第三大学助教授）、アラン・ジョクセ（社会科学研究所教授）、ピエール・バイヤール、ジャン＝ルイ・フルネル（パリ第八大学教授）その他多数。

（32）同じ号には、セルビア人がつくった死体置き場の記されたコソヴォの地図も掲載されている（英語版76ページ）が、これらのデータは、公式な調査にもとづくものではない。この号には、他にも残忍な表情のセルビア兵（78—79ページ）、難民、死者、廃墟の写真が、さらには、

NATOの兵士におずおずと花を捧げるアルバニア系少女の写真も掲載されている。
(33) ル・ヴィフ＝レクスプレス誌二〇〇〇年七月七日号。
(34) Georges Demartial前掲書137―138ページ。

第9章「われわれの大義は神聖なものである」

(1) *De laude novae militae* III, 4, c. 924B.聖ベルナール全集(Paris, Aubier-Montaignen, 1945)第一巻によせたM・M・ダヴィッドの序説も参照のこと。
(2) コーラン第九章第二十九句。
(3) *Patriotisme et endurance, lettre pastorale de Noël 1914*, Éd. Bloud et Gay, Paris.
(4) 周知のとおり、アメリカの社会生活にはキリスト教が深く浸透している。これについて、レジス・ドブレは、こんな皮肉を言っている。「アメリカ人の頭のなかでは、政治と福音書が取り違えられている」(一九九九年四月一日付ル・モンド紙)
(5) 一九四〇年九月二日の演説。*America Chooses!*(前掲)33ページ。
(6) 一九四一年一月二十日の演説。同右79ページ。
(7) 同右86―87ページ。
(8) 一九四一年一月六日の年頭教書(同右72ページ)、一九四一年五月二十七日の演説(同右124ページ)。

（9）Jacques Pauwels前掲書113―114ページ。
（10）一九四一年三月十七日の演説。*America Chooses!*（前掲）95ページ。
（11）アンドレ・グリュックスマンはロシアを批判してこの言葉を使った。パリマッチ誌二〇〇〇年七月二十七日号77ページ。
（12）二〇〇〇年六月二十九日付ル・モンド紙に掲載された同年六月二十七日の発言より（二〇〇〇年六月二十七日付フランス外務省時報参照）。
（13）*Days of Terror in Presence of the International Forces, Center for Peace and Tolerance.*
（14）一九九九年六月以降に破壊されたセルビアの正教会派教会は、数十カ所にのぼるといわれている。
（15）カンブレの大司教ジャック・ドラポルト。教会のさまざまな対応については、グザヴィエ・テルニシアン署名記事「正義の戦争と教会」（一九九九年五月二十七日付ル・モンド紙）を参照。
（16）フランソワ・ボネ署名記事（一九九九年四月八日付ル・モンド紙）参照。
（17）アンドレ・グリュックスマンは、チェチェン支持を主張する記事（パリマッチ誌二〇〇〇年七月二十七日号82ページ）のなかで、こうした「詳細」に触れるのを「忘れて」いる。
（18）グザヴィエ・テルニシアン署名記事「アルバニア人のヨーロッパ系イスラム社会」（一九九九年四月十五日付ル・モンド紙）を参照。

第10章「この正義に疑問を投げかける者は裏切り者である」

(1) *De la guerre à la paix,* Payot, 1924.
(2) Georges Demartial前掲書269ページ。
(3) プログレ・シヴィック誌一九二一年九月二十四日号。Georges Demartial前掲書271ページ。
(4) Christophe Prochasson 前掲書162—167、212ページ。
(5) Adam Hochschild, *Les fantômes du roi Léopold-Un holocauste oublié,* pp. 338-339, 399.
(6) Georges Demartial前掲書298ページ。一九一八年四月六日付ル・マタン紙に掲載されたカンザス・シティ・スター紙再録より。
(7) 一九四一年四月二十五日の演説。*America Chooses!*（前掲）51—52ページ。
(8) 一九四〇年十月二十四日の演説。同右40—41ページ。
(9) 一九四〇年十一月四日、オハイオ州クリーヴランドでの演説。同右49ページ。
(10) 一九四〇年十一月十一日、アーリントン墓地の無名兵士墓石前での演説。同右51ページ。
(11) *La peur du rouge*（前掲）を参照。
(12) 白血病の子供二人を救うため、脊髄移植のドナーを求めたところ、キプロス島のギリシャ系住民、トルコ系住民あわせて四〇〇〇名が血液検査に協力した。対立するギリシャ系住民とトルコ系住民が共同でおこなったこの行為は、ギリシャ政府からも、トルコ政府からも非難された。マスコミも、血液検査に協力した住民を、反逆行為だと責めている（ル・ヴィフ＝レクスプレス誌二〇〇〇年四月十四日号)。

(13) アルノーは、特別チャリティー番組「コソヴォのために」への出演を拒否した。この番組で集まる募金の金額は、所詮、NATOの落とす爆弾二、三個分にしかならないというのがその理由だった。

(14) 会の名前はムスタキの発案。彼の寄稿した「ダニエル・コーン＝バンディへ」(一九九九年六月三日付ル・モンド紙)参照。

(15) Michel Collon前掲書48ページ。

(16) 二〇〇〇年七月十三日付ル・モンド紙。

(17)「ル・モンド・テレヴィジョン」一九九九年四月十一―十二日号、同年六月二十七―二十八日号。

(18) Serge Halimi & Dominique Vidal前掲書58ページ。

(19) 同右60ページ。

(20) 戯曲のタイトルは*Die Fahrt im Einbaum oder das Stück zum Film von Krieg.*『丸木舟での航海あるいは戦争映画についての戯曲』

(21) 一九九九年六月十一日付、同年六月十三―十四日付ル・モンド紙参照。

(22) 一九九九年五月十八日付ル・モンド紙。

(23)「ル・モンド・テレヴィジョン」一九九九年五月十六―十七日号。

ポンソンビー卿からジェイミー・シーまでの流れをふまえて

（1）ローランス・ファン・イペルセルは、雑誌「ルーヴァン」一〇七号（二〇〇〇年四月刊）にこう書いている。「イメージによって歴史が歪曲されるなかで、全体主義が力をもつようになった。（中略）民主主義の長所は、製作に関しても、放送に関しても、絶対的な独占がありえないことだ。（中略）こうした製作姿勢によって、（中略）ときには複数のグループができ、対立することもあるし、お互いに反論しあうことも可能になる」私見だが、少なくとも戦時には、こうした理論は通用しない。

（2）より正確に言うなら「言わせた」ということになる。ベルギーの漫画家グレッグは、主人公アシル・タロンにこのセリフを言わせている。

（3）Jamie Shea, *French Intellectuals and the Great War 1914-1920*, Ph.D. thesis.ジェイミー・シーは、第一次大戦時に反戦を唱える、または参戦を批判する行動をとった知識人たちを「センチメンタルな平和主義者」と評している。

（4）ジョエル・コーテックの著作に*Le siècle des camps : détention, concentration, extermination, cent ans de mal radical*, Éd. J.-C. Lattès, 2000がある。

（5）リエージュ大学ジェフリー・グーエンスは、こうしたイメージの成立について分析している。《De l'archétype savant au stéréotype politique. Figures médiatiques du leader ouvrier》, in Quaderni, No. 40, hiver 1999-2000.

＊本書は、二〇〇二年に当社より刊行した著作を文庫化したものです。

草思社文庫

戦争プロパガンダ 10の法則

2015年2月9日　第1刷発行
2022年5月2日　第6刷発行

著　者　アンヌ・モレリ
訳　者　永田千奈
発行者　藤田　博
発行所　株式会社 草思社
〒160-0022　東京都新宿区新宿1-10-1
電話　03(4580)7680(編集)
　　　03(4580)7676(営業)
　　　http://www.soshisha.com/
本文組版　有限会社 一企画
印刷所　中央精版印刷 株式会社
製本所　中央精版印刷 株式会社
本体表紙デザイン　間村俊一

ISBN978-4-7942-2106-3　Printed in Japan

草思社文庫既刊

菅原 出

アメリカはなぜヒトラーを必要としたのか

1920年以降、アメリカは「独裁者を援助し、育てる」外交戦略をとってきた。ナチスから麻薬王、イスラム過激派に至るまで、アメリカと独裁者たちを結ぶ黒い人脈に迫る真実の米外交裏面史。

鳥居 民

「反日」で生きのびる中国

中国各地で渦巻く反日運動――その源流は95年以降の江沢民の愛国主義教育に遡る。中国の若者に刷り込まれた日本人への憎悪と、日本政府やメディアの無作為。日本人が知らない戦慄の真実が明かされる。

鳥居 民

原爆を投下するまで日本を降伏させるな

なぜ、トルーマン大統領は無警告の原爆投下を命じたのか。なぜ、あの日でなければならなかったのか。大統領と国務長官のひそかな計画の核心に大胆な推論を加え、真相に迫った話題の書。

草思社文庫既刊

鳥居 民
昭和二十年　第1巻
重臣たちの動き

太平洋戦争が終結する昭和二十年の一年間、何が起きていたのか。天皇、重臣から、兵士、市井の人の当時の有様を公文書から私家版の記録、個人の日記など膨大な資料を駆使して描く戦争史の傑作。

鳥居 民
昭和二十年　第2巻
崩壊の兆し

工場や大都市の空襲が相次ぐ中、貞明皇太后の発意で始まった「重臣上奏」で近衛文麿はどのような終戦案を述べたのか。軍部による本土決戦の最終兵器案、硫黄島、比島の状況も併せて克明に描く。

鳥居 民
昭和二十年　第3巻
小磯内閣の倒壊

硫黄島で最後の戦いが始まろうとする頃、国内では、中国からやってきた繆斌に翻弄され、小磯内閣の命運が尽きようとしていた。街は疎開であわただしい。4月、政局は急転回する。

草思社文庫既刊

兵頭二十八
北京が太平洋の覇権を握れない理由

太平洋をめぐる米国と中国の角逐が鮮明化しつつある。中国共産党が仕掛ける〝間接侵略〟の脅威とは？　米中開戦を想定し、日本はじめ周辺諸国がこうむるであろう影響を、軍事評論家がリアルにシミュレート。

兵頭二十八
「日本国憲法」廃棄論

マッカーサー占領軍が日本に強制した「日本国憲法」。自衛権すら奪う法案を日本が丸呑みせざるを得なくなった経緯を詳述。近代精神あふれる「五箇条の御誓文」の理念に則った新しい憲法の必要性を説く。

兵頭二十八
日本人が知らない軍事学の常識

戦後日本は軍事の視点を欠いてきた。軍事学の常識から尖閣、北方領土、原発、ＴＰＰと日本が直面する危機の本質をとらえる。極東パワー・バランスの実状を把握し、国際情勢をリアルに読み解く。

草思社文庫既刊

山岡淳一郎
田中角栄の資源戦争

70年代、日米関係のタブーを踏み越えて挑んだ世界の「資源争奪戦」の恐るべき実態とは？　独自の石油獲得に加えウラン燃料へのルートにも手を伸ばした角栄の航跡をたどる。３・11後の日本の針路を問う力作。

ロー・ダニエル
竹島密約

解決せざるをもって、解決したとみなす——１９６５年、日韓政府で竹島に関する密約が交わされた。韓国側の新史料と証言から、合意に至るまでの熾烈な駆け引き、密約が反故にされた理由を鋭く考察する。

西岡　力
増補新版
よくわかる慰安婦問題

90年代に突如として巻き起こった「慰安婦問題」はさまざまな検証を経て、真実でなかったことが明らかにされている。なぜ慰安婦問題は繰り返し浮上し、日本は糾弾されるのか。問題の核心に迫る！

草思社文庫既刊

わが魂を聖地に埋めよ（上・下）
ディー・ブラウン　鈴木主税＝訳

フロンティア開拓の美名の下で繰り広げられたのは、アメリカ先住民の各部族の虐殺だった。燦然たるアメリカ史の裏面に追いやられていた真実の歴史を、史料に残された酋長たちの肉声から描く衝撃的名著。

ファストフードが世界を食いつくす
エリック・シュローサー　楡井浩一＝訳

世界を席巻するファストフード産業の背後には、巨大化した食品メーカー、農畜産業の利益優先の論理がはびこっている。環境と人々の健康を害し、自営農民や労働者、文化を蝕むアメリカの食の実態を暴く。

平気でうそをつく人たち
虚偽と邪悪の心理学
M・スコット・ペック　森　英明＝訳

自分の非を絶対に認めず、自己正当化のためにうそをついて周囲を傷つける「邪悪な人」の心理とは？　個人から集団まで、人間の「悪」を科学的に究明したベストセラー作品。

草思社文庫既刊

銃・病原菌・鉄（上・下）

ジャレド・ダイアモンド　倉骨　彰＝訳

なぜ、アメリカ先住民は旧大陸を征服できなかったのか。現在の世界に広がる〝格差〟を生み出したのは何だったのか。人類の歴史に隠された壮大な謎を、最新科学による研究成果をもとに解き明かす。

文明崩壊（上・下）

ジャレド・ダイアモンド　楡井浩一＝訳

繁栄を極めた文明がなぜ消滅したのか？　古代マヤ文明やイースター島、北米アナサジ文明などのケースを解析、社会発展と環境負荷との相関関係から「崩壊の法則」を導き出す。現代世界への警告の書。

生命40億年全史（上・下）

リチャード・フォーティ　渡辺政隆＝訳

地球は宇宙の塵から始まった。地獄釜のような地で塵から生命が生まれ、豊穣の海で進化を重ね、陸地に上がるまで――。40億年前の遙かなる地球の姿を大英自然史博物館の古生物学者が語り尽くす。